Криптографические алгоритмы и IT платформы «ECLECTIC-DT»

THE THEORY OF PLAFALES:
Криптографический комплекс «ECLECTIC-DT-1»

Дмитрий Топчий (Dmytro Topchyi)

2015

СОДЕРЖАНИЕ

ИНФОРМАЦИЯ ОБ АВТОРЕ

Топчий Дмитрий (D. Topchyi), 03 февраля/1987, Украина.

Образование:

• Соискатель кафедры прикладной и высшей математики, Черноморский государственный университет имени Петра Могилы, Николаев, Украина, ноябрь 2013 – на данный момент.

• Специалист, специальность – «Программное обеспечение систем», Европейский Университет, Николаев, Украина, 2012 – 2013.

• Бакалавр, специальность – «Программная инженерия», Европейский Университет, Николаев, Украина, 2010 – 2012.

• Младший специалист, специальность – «Композиционные и порошковые материалы, покрытия», Национальный Университет Кораблестроения имени адмирала Макарова, Николаев, Украина, 2005 – 2008.

Опыт работы:

• «WEBINTERHOLDING Company», **Team leader**: руководитель группы программистов, создание алгоритмов для веб-проектов, Николаев, Украина, июль 2007 – январь 2008.

• Университет «Украина», **Лектор**: курс лекций по высшей математики для программистов, Николаев, Украина, сентябрь 2008 – октябрь 2008.

• «Prima Sp.z.o.o.», **Математик, аналитик**: создание математического аппарата для ReduxCO катализатора (www.reduxco.com), разработка реактора по уничтожению химопасных веществ, Warka, Польша, ноябрь 2008 – июль 2009.

• ООО «Завод «НиколаевЭнергоМаш»», **Аналитик по IT, инженер-технолог**: инжиниринг и разработка теплоизоляционных материалов, разработка алгоритмов для IT, создание рабочих чертежей в турбокомпрессорном секторе (САПР – Компас 3D), Николаев, Украина, сентябрь 2009 – декабрь 2013.

• ЧП «Топчий Д.О.»: программирование, обслуживание компьютерных систем и компонентов, Николаев, Украина, январь 2014 – на данный момент.

Основные публикации:

- «The theory of plafales: the proof of P versus NP problem», Best Global Publishing, Март 2011, ISBN-10: 1846931002.
- «The Research Papers», Best Global Publishing, Май 2011, ISBN-10: 1846931029.
- «The solutions to the Navier-Stokes equations», Best Global Publishing, Июль 2011, ASIN: B005FFTO7A.
- «The consequence of the theory of plafales: Riemann hypothesis proof», Best Global Publishing, Декабрь 2011, ASIN: B006JZP29Y.
- «The theory of plafales: the proof algorithms for millennium problems», Best Global Publishing, Февраль 2013, ASIN: B00BAEZU78.

Веб-ресурс: www.amazon.com (search: topchyi).

- Золотая Медаль Бельгийского Интернационального Технологического Форума Исследовательской Группы «Prima Sp.z.o.o.» за разработку катализатора ReduxCO, 2009.
- Диплом за участие в конкурсе для молодых математиков в области «за лучшую представленную работу» 42-ой конференции по прикладной математики, Польская Академия Наук, г. Закопаны, 2013.

СТРУКТУРНАЯ ЧАСТЬ

Согласно принципа Кирхгофа: секретность шифра обеспечивается секретностью ключа, а не секретностью алгоритма шифрования. Противник имеет всю информацию о применяемом криптоалгоритме, ему неизвестен только реально использованный ключ [1].

Криптографические (математические) алгоритмы серии «ECLECTIC-DT» основываются на работе «The theory of plafales: the proof algorithms for millennium problems» [2, 3, 4], а также на материал XLII конференции по прикладной математике (Польская Академия Наук) [5, 6].

Предлагаемые к рассмотрению и внедрению криптографические (математические) алгоритмы серии «ECLECTIC-DT», а также IT платформы которые могут быть созданы на базе указанной серии, преследуют решения следующих задач: **1.** Криптографический комплекс «ECLECTIC-DT-1»: реорганизация отечественной системы опознавания военных объектов «Свой-Чужой»; **2.** Ввод нового национального стандарта шифрования данных – «ECLECTIC-DT-2»; **3.** Ввод нового стандарта «ECLECTIC-DT-3», определяющего алгоритм и процедуру вычисления хеш-функции; **4.** Комплекс «ECLECTIC-DT-4»: построение генераторов псевдослучайных чисел; **5.** IT платформа (комплекс) «ECLECTIC-DT-5»: реализация равенства классов сложности P=NP (разрушение криптосистем с открытым ключом); **6.** Создание платформы «ECLECTIC-DT-6»: конструирование базисных функций в автоматическом режиме в методе конечных элементов (МКЭ).

Представленные алгоритмы серии «ECLECTIC-DT» несут теоретический характер. Для дальнейшей реализации в программно-аппаратном комплексе необходимы следующие шаги: **1.** Создание софта под отдельно взятый алгоритм (в индивидуальном порядке); **2.** Проведение криптоанализа; **3.** Пусконаладка и шеф-монтаж (инсталлирование).

В последующем, при ссылке на какой-либо из разделов (структурных частей) будут использованы круглые скобки. При ссылке на литературу – квадратные скобки.

ГЛАВА 1

«ECLECTIC-DT-1»

1.1 Введение и терминология

«ECLECTIC-DT-1» представляет собой алгоритм итерационного блочного симметричного шифрования 128-битных блоков данных ключом 256 бит. Количество раундов – 14.

Байт – последовательность из 8 битов. В контексте данного алгоритма байт рассматривается как plafal (плафал) – PF.

Блок – последовательность из 16 байтов, над которой оперирует алгоритм. В контексте данного алгоритма блок рассматривается как „docking" of plafales (процедура стыковки плафалов) – $PF_{S^{16}}^{doc}$.

Матрица состояний – комплекс из 16 байтов, отображающий состояние блока и формы перед, в ходе, и после выполнения всех раундовых процедур.

Форма – последовательность из 16 байтов, которая рассматривается как plafal (плафал) – PF_{ad}^{uniq}.

Ключ – последовательность из 32 байтов, используемая в качестве ключа шифрования.

Раунд – итерация цикла преобразований над матрицей состояний. Количество раундов – 14.

Ключ раунда – ключ, применяемый в раунде. Вычисляется для каждого раунда.

Для зашифрования в алгоритме «ECLECTIC-DT-1» применяются следующие процедуры преобразования данных:

SubBytes – подстановка байтов в матрице состояний с помощью таблицы подстановок.

PerBits – перестановка бит в байте. В контексте данного алгоритма рассматривается как поворот против часовой стрелки absolutely dynamic plafal (абсолютно динамического плафала) – PF_{ad}^{uniq} вокруг центра симметрии на угол $\varphi = \frac{360° \cdot n}{8} = 45° \cdot n$, n – количество поворотов.

ShiftBytes – циклический сдвиг байт в матрице состояний на различные величины. В контексте данного алгоритма рассматривается как параллельный перенос PF_i на PF_j; $i \neq j$ комплекса $PF_{S^{16}}^{doc}$.

PerBytes – перестановка байт в матрице состояний. В контексте данного алгоритма рассматривается как поворот против часовой стрелки absolutely dynamic plafal (абсолютно динамического плафала) – PF_{ad}^{uniq} вокруг центра симметрии на угол $\varphi = \frac{360° \cdot n}{16} = 22.5° \cdot n$, n – количество поворотов.

Последовательность выполнения процедур с 1-13 раунды:

SubBytes→PerBits→ShiftBytes→PerBytes

Последовательность выполнения процедур в 14 раунде:

SubBytes→PerBits→ShiftBytes

Для расшифрования в алгоритме «ECLECTIC-DT-1» применяются следующие процедуры преобразования данных:

InvSubBytes – подстановка байтов в матрице состояний с помощью обратной таблицы подстановок.

InvPerBits – перестановка бит в байте. В контексте данного алгоритма рассматривается как поворот вокруг часовой стрелки absolutely dynamic plafal (абсолютно динамического плафала) – PF_{ad}^{uniq} вокруг центра симметрии на угол $\varphi = \frac{360° \cdot n}{8} = 45° \cdot n$, n – количество поворотов.

InvShiftBytes – циклический сдвиг байт в матрице состояний на различные величины. В контексте данного алгоритма рассматривается как параллельный перенос PF_j на PF_i; $j \neq i$ комплекса $PF_{S^{16}}^{doc}$.

InvPerBytes – перестановка байт в матрице состояний. В контексте данного алгоритма рассматривается как поворот вокруг часовой стрелки absolutely dynamic plafal (абсолютно динамического плафала) – PF_{ad}^{uniq} вокруг центра симметрии на угол $\varphi = \frac{360° \cdot n}{16} = 22.5° \cdot n$, n – количество поворотов.

Последовательность выполнения процедур в 1 раунде:

InvShiftBytes→InvPerBits→InvSubBytes

Последовательность выполнения процедур с 2-14 раунды:

InvPerBytes→InvShiftBytes→InvPerBits→InvSubBytes

Алгоритм выработки ключей (Key Schedule)

ExpandKey – вычисление раундных ключей для всех раундов.

AddRoundKey – сложение ключа раунда с матрицей состояния.

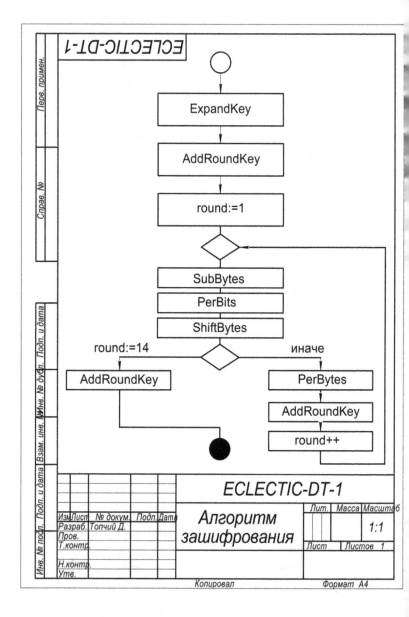

ECLECTIC-DT-1

ExpandKey

AddRoundKey

round:=1

SubBytes
PerBits
ShiftBytes

round:=14   иначе

AddRoundKey   PerBytes

AddRoundKey

round++

ECLECTIC-DT-1

Алгоритм зашифрования

	Изм	Лист	№ докум.	Подп.	Дата			Лит.	Масса	Масштаб
Разраб.	Топчий Д.									1:1
Пров.										
Т.контр.								Лист		Листов 1
Н.контр.										
Утв.										

Копировал   Формат А4

Перв. примен.
Справ. №
Подп. и дата
Инв. № дубл.
Взам. инв. №
Подп. и дата
Инв. № подл.

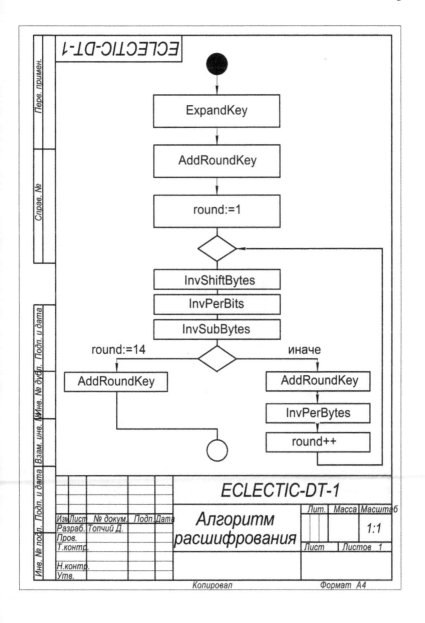

					ECLECTIC-DT-1			
						Лит.	Масса	Масштаб
Изм	Лист	№ докум.	Подп.	Дата	Алгоритм расшифрования			1:1
Разраб.	Топчий Д.							
Пров.						Лист		Листов 1
Т.контр.								
Н.контр.								
Утв.								

Копировал   Формат А4

1.2 Математические основы алгоритма

1.2.1 Байт

В криптоалгоритме операции выполняются над байтами. Количество plafales (плафалов) равно количеству состояний, то есть 2^8=256. Согласно [4, с 16] для байта $\{b_7 b_6 b_5 b_4 b_3 b_2 b_1 b_0\}$ существует взаимно-однозначное соответствие (биекция), которое образует plafal (плафал): $b_{8-i} \leftrightarrow i, i = \overline{1;8}$; где i – сторона правильного 8-угольника. Например, для байта 00010011 соответствующий plafal (плафал) – рис.1.1:

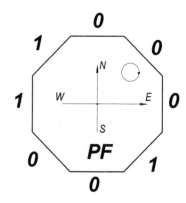

Рисунок 1.1 — Представление байта 00010011

Ориентация сторон plafal (плафала) с севера на северо-запад, то есть: 1 сторона находится на севере, 2 сторона находится на северо-востоке и т.д. Соответственно, правило обхода – вокруг часовой стрелки. При поворотах вокруг центра симметрии (операции PerBits и InvPerBits) plafal (плафала) ориентация сторон не изменяется.

1.2.2 Блок

Блок представляет собой последовательность из 16 plafales (плафалов), фактически образует сотовую структуру – „docking" of plafales (стыковка плафалов) [4, с 605] из шестнадцати plafales (плафалов) PF_{ad}^{uniq} [4, с 589] – рис.1.2. Каждый из plafales (плафалов) имеет между собой 2, 3 или 4 общие стороны. На рис.1.3 представлена сотовая структура **позиций** комплекса „docking" of plafales. То есть, $PF_k, k = \overline{1;16}$ означает, что один из шестнадцати plafales (плафалов) занимает k-ю позицию в сотовой структуре; при этом PF_k не является k-м плафалом (*в алгоритме не существует понятие k-ого плафала*). Исходя из определения процедуры „docking" of plafales, имеем следующее: plafal (плафал), который имеет 2, 3 или 4 общие стороны с другими plafales (плафалами), безусловно, сохраняет свою байтовую структуру (на рис.1.2: 3-ей стороне PF_1 (плафал который занимает 1-ю позицию) соответствует множество $\{0\}$ и 7-ой стороне PF_5 (плафал который занимает 5-ю позицию) – множество $\{1\}$).

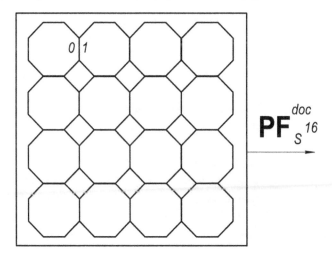

Рисунок 1.2 — Сотовая структура блока („docking" of plafales)

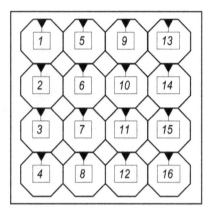

Рисунок 1.3 — Сотовая структура позиций блока

1.2.3 The static canvas of plafal (статический ковер плафала)

Вышеописанная сотовая структура блока находится на the static canvas of plafal (статическом ковре плафала) – PF_{16}^{USP} [4, с 16], который представляет собой плоскость в геометрии – двумерное пространство нулевой кривизны (то есть на E_2). В контексте алгоритма, сотовую структуру блока и аффинные преобразования совершаемые над ним (раундовые операции PerBits, InvPerBits, ShiftBytes, InvShiftBytes) будем производить над правильными 8-угольниками, образующие каждый из plafales (плафалов) комплекса $PF_{S^{16}}^{doc}$. Раундовые операции PerBytes и InvPerBytes будем производить над правильным 16-угольником. Все шестнадцать правильных 8-угольников конгруэнтны между собой. Характеристики правильного 8-угольника: радиус вписанной окружности $r = 1$, длина стороны $a = \frac{2}{1+\sqrt{2}}$, радиус описанной окружности $R = \sqrt[4]{\frac{8}{3+2\sqrt{2}}}$. Соответственно, для комплекса $PF_{S^{16}}^{doc}$: начало правой прямоугольной системы координат – т. O_1 (0;0) находится в центре симметрии PF_1, соответствующий репер – R_1 ($O_1, \vec{e_1}, \vec{e_2}$); вектора $\vec{e_1}$ и $\vec{e_2}$ являются ортонормированными (с еденичными длинами). Координаты центров симметрий $PF_k, k = \overline{1;16}$ и соответствующие реперы:

Таблица 1.1

PF_k	Координаты центров симметрий	Репер
PF_1	т. O_1 (0;0)	R_1 $(O_1, \vec{e_1}, \vec{e_2})$
PF_2	т. O_2 (0;-2)	R_2 $(O_2, \vec{e_1}, \vec{e_2})$
PF_3	т. O_3 (0;-4)	R_3 $(O_3, \vec{e_1}, \vec{e_2})$
PF_4	т. O_4 (0;-6)	R_4 $(O_4, \vec{e_1}, \vec{e_2})$
PF_5	т. O_5 (2;0)	R_5 $(O_5, \vec{e_1}, \vec{e_2})$
PF_6	т. O_6 (2;-2)	R_6 $(O_6, \vec{e_1}, \vec{e_2})$
PF_7	т. O_7 (2;-4)	R_7 $(O_7, \vec{e_1}, \vec{e_2})$
PF_8	т. O_8 (2;-6)	R_8 $(O_8, \vec{e_1}, \vec{e_2})$
PF_9	т. O_9 (4;0)	R_9 $(O_9, \vec{e_1}, \vec{e_2})$
PF_{10}	т. O_{10} (4;-2)	R_{10} $(O_{10}, \vec{e_1}, \vec{e_2})$
PF_{11}	т. O_{11} (4;-4)	R_{11} $(O_{11}, \vec{e_1}, \vec{e_2})$
PF_{12}	т. O_{12} (4;-6)	R_{12} $(O_{12}, \vec{e_1}, \vec{e_2})$
PF_{13}	т. O_{13} (6;0)	R_{13} $(O_{13}, \vec{e_1}, \vec{e_2})$
PF_{14}	т. O_{14} (6;-2)	R_{14} $(O_{14}, \vec{e_1}, \vec{e_2})$
PF_{15}	т. O_{15} (6;-4)	R_{15} $(O_{15}, \vec{e_1}, \vec{e_2})$
PF_{16}	т. O_{16} (6;-6)	R_{16} $(O_{16}, \vec{e_1}, \vec{e_2})$

Вышеописанная конфигурация показана на рис.1.4.

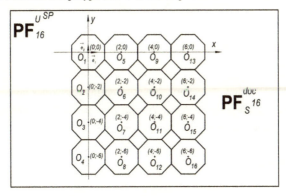

Рисунок 1.4 — Конфигурация на E_2

Каждый из шестнадцати правильных 8-угольников однозначно определяется благодаря координатам своих вершин. Достаточно рассмотреть положение PF_1 – рис.1.5; координаты вершин остальных правильных 8-угольников определяются вектором параллельного переноса $\overrightarrow{O_1 O_j}, j = \overline{2; 16}$.

Координаты вершин правильного 8-угольника и правильного 16-угольника определяются формулами:

$$x_i = O_x + R \cdot \cos(\phi_0 + \frac{2\pi i}{8}), i = \overline{0; n-1}$$
$$y_i = O_y + R \cdot \sin(\phi_0 + \frac{2\pi i}{8}), i = \overline{0; n-1}$$

$(O_x; O_y)$ – координаты центра симметрии; ϕ_0 – угловая координата первой вершины.

Координаты вершин PF_1: ($\approx$0.415;1), (1;$\approx$0.415), (1;$\approx$-0.415), ($\approx$0.415;-1), ($\approx$-0.415;-1), (-1;$\approx$-0.415), (-1;$\approx$0.415), ($\approx$-0.415;1).

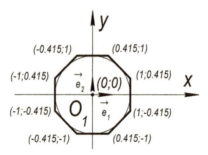

Рисунок 1.5 — Координаты вершин PF_1

Северная сторона PF_1, до и после выполнения раундовых процедур, определяется в репере R_1 координатами двух вершин: ($\approx$0.415;1), ($\approx$-0.415;1). Ориентация остальных сторон определяется согласно п.1.2.1.

1.2.4 Матрица состояний

Матрица состояний (рис.1.6, рис.1.7) отображает состояние блока и формы в ходе выполнения всех раундовых процедур. То есть матрица 4×4: $A = [a_{ij}]\big|_{i=\overline{1;4}}^{j=\overline{1;4}}$

отражает неизменный порядок байтов в блоке по следующему принципу:

$$PF_k \leftrightarrow a_{ij}, k = \overline{1;16} \qquad (1.1)$$

Таблица 1.2

$PF_1 \leftrightarrow a_{11}$	$PF_2 \leftrightarrow a_{21}$	$PF_3 \leftrightarrow a_{31}$	$PF_4 \leftrightarrow a_{41}$
$PF_5 \leftrightarrow a_{12}$	$PF_6 \leftrightarrow a_{22}$	$PF_7 \leftrightarrow a_{32}$	$PF_8 \leftrightarrow a_{42}$
$PF_9 \leftrightarrow a_{13}$	$PF_{10} \leftrightarrow a_{23}$	$PF_{11} \leftrightarrow a_{33}$	$PF_{12} \leftrightarrow a_{43}$
$PF_{13} \leftrightarrow a_{14}$	$PF_{14} \leftrightarrow a_{24}$	$PF_{15} \leftrightarrow a_{34}$	$PF_{16} \leftrightarrow a_{44}$

$$\Lambda_{16} \leftrightarrow a_{ij} \qquad (1.2)$$

PF_k – сотовая структура позиций комплекса „docking" of plafales (рис.1.3). Поясним подробнее: a_{11} – 1-ый байт, a_{21} – 2-ой байт и т.д. В ходе перестановок плафалов (ShiftBytes, InvShiftBytes, PerBytes, InvPerBytes) на позиции a_{11} (1-ого байта) может оказаться PF_9 и т.п. Так как каждому байту $\{b_7 b_6 b_5 b_4 b_3 b_2 b_1 b_0\}$ записанному в двоичной системе счисления соответствует запись в шестнадцатеричной системе счисления – Λ_{16}, то согласно соответствию (1.2), в матрице состояний первому байту a_{11} будет соответствовать запись байта в Λ_{16}, которая снимается с PF_1, согласно ориентации сторон правильного 8-угольника (п.1.2.1, п.1.2.3). Безусловно, с Λ_{16} a_{ij} однозначно восстанавливается PF_k. Например, для байта 00010011 (п.1.2.1): $\{00010011\} \leftrightarrow 13_{16}$. Соответственно, $13_{16} \leftrightarrow a_{11}$ (в случае PF_1).

a_{11}	a_{12}	a_{13}	a_{14}
a_{21}	a_{22}	a_{23}	a_{24}
a_{31}	a_{32}	a_{33}	a_{34}
a_{41}	a_{42}	a_{43}	a_{44}

Рисунок 1.6 — Матрица состояний (общий вид)

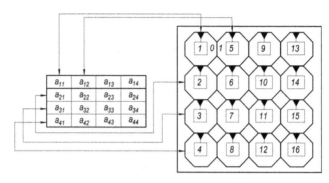

Рисунок 1.7 — Зависимость матрицы состояний и структуры позиций блока

1.2.5 Форма

Форма представляет собой plafal (плафал) – PF_{ad}^{uniq} [4, с 16, с 589] образованный следующем образом: для правильного шестнадцатиугольника существует взаимно-однозначное соответствие, которое образует plafal (плафал): $a_{ij} \leftrightarrow l \Leftrightarrow \Lambda_{16} \leftrightarrow l, l = \overline{1;16}$; где l – сторона правильного 16-угольника. Например, для матрицы состояний (рис.1.8) соответствующий plafal (плафал) – рис.1.9:

a_{11}	a_{12}	a_{13}	a_{14}		13	17	AB	64
a_{21}	a_{22}	a_{23}	a_{24}		57	FD	E3	CA
a_{31}	a_{32}	a_{33}	a_{34}		83	B7	EA	48
a_{41}	a_{42}	a_{43}	a_{44}		D4	C3	BF	A1

Рисунок 1.8 — Матрица состояний (в качестве примера)

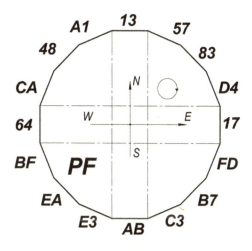

Рисунок 1.9 — Форма

Ориентация сторон plafal (плафала) с севера на севернее северо-запада, то есть: 1 сторона находится на севере, 2 сторона находится на севернее северо-востока и т.д. Соответственно, правило обхода – вокруг часовой стрелки. При поворотах вокруг центра симметрии (операции PerBytes и InvPerBytes) plafal (плафала) ориентация сторон не изменяется. Раундовые операции PerBytes и InvPerBytes будем производить над правильным 16-угольником (согласно п.1.2.3). Правильный 16-угольник находится на статическом ковре плафала, отличном от того на котором находится комплекс $\text{PF}_{S^{16}}^{doc}$. Характеристики правильного 16-угольника: радиус вписанной окружности $r = 1$, длина стороны $a = 2r \tan \frac{\pi}{16} \approx 0.3976$, радиус описанной окружности $R = \frac{r}{\cos \frac{\pi}{16}} \approx 1.0195$. Соответственно, для $\text{PF}_{\text{Форма}}$: начало правой прямоугольной системы координат – т. O_1 (0;0) находится в центре симметрии правильного 16-угольника, соответствующий репер – R_1 ($O_1, \overrightarrow{e_1}, \overrightarrow{e_2}$); вектора $\overrightarrow{e_1}$ и $\overrightarrow{e_2}$ являются ортонормированными (с еденичными длинами). Координаты вершин $\text{PF}_{\text{Форма}}$: ($\approx$0.2;1), ($\approx$0.56;$\approx$0.84), ($\approx$0.84;$\approx$0.56), (1;$\approx$0.2), (1;$\approx$-0.2), ($\approx$0.84;$\approx$-0.56), ($\approx$0.56;$\approx$-0.84), ($\approx$0.2;-1), ($\approx$-0.2;-1), ($\approx$-0.56; $\approx$-0.84), ($\approx$-0.84;$\approx$-0.56), (-1;$\approx$-0.2), (-1;$\approx$0.2), ($\approx$-0.84;$\approx$0.56), ($\approx$-0.56;$\approx$0.84), ($\approx$-0.2;1). Северная сторона $\text{PF}_{\text{Форма}}$, до и после выполнения раундовых процедур, определяется в репере R_1 координатами двух вершин: ($\approx 0.2;1$), ($\approx -0.2;1$). Ориентация остальных сторон определяется обходом вокруг часовой стрелки.

Вышеописанная конфигурация продемонстрирована на рис.1.10.

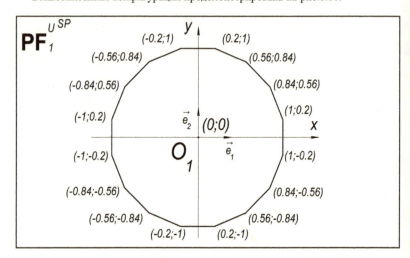

Рисунок 1.10 — Положение правильного 16-угольника на E_2

1.2.6 Логическая взаимосвязь формы, матрицы состояний и блока

Обобщая результаты п.1.2.1-1.2.5, осуществляется возможным получить комплексную (интегрированную) логическую взаимосвязь формы, матрицы состояний и блока – рис.1.11. Взаимосвязь выражается следующим логическим взаимнооднозначным соответствием:

$$l \leftrightarrow \Lambda_{16} \leftrightarrow a_{ij} \leftrightarrow \{b_7 b_6 b_5 b_4 b_3 b_2 b_1 b_0\} \leftrightarrow PF_k \qquad (1.3)$$

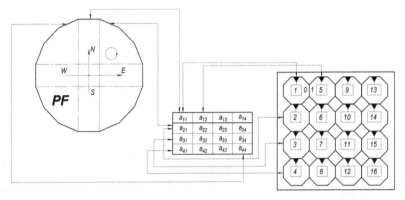

Рисунок 1.11 — Логическая взаимосвязь формы, матрицы состояний и блока

Матрица состояний отображает состояние блока и формы перед, в ходе, и после выполнения всех раундовых процедур.

Продемонстрируем на примере a_{11}. Первому байту a_{11} соответствуют записи в шестнадцатеричной системе счисления – Λ_{16} и двоичной системе счисления – $\{b_7b_6b_5b_4b_3b_2b_1b_0\}$. С $\{b_7b_6b_5b_4b_3b_2b_1b_0\}$ образуется PF_1 (п.1.2.1), Λ_{16} соответствует северная сторона $PF_{\text{Форма}}$ (п.1.2.5). После выполнения раундовых операций над блоком $PF_{S^{16}}^{doc}$ (PerBits, InvPerBits, ShiftBytes, InvShiftBytes) с PF_1, согласно ориентации сторон (п.1.2.1-1.2.3), снимается запись $\{b_7b_6b_5b_4b_3b_2b_1b_0\}$ и переводится в Λ_{16} и т.д. Аналогично в обратном порядке. *Безусловно, зашифрованный (расшифрованный) блок снимается с матрицы состояний.*

1.2.7 Операция SubBytes

Раундовая операция SubBytes осуществляет подстановку байтов в матрице состояний с помощью таблицы подстановок – рис.1.12. Например, байт $\{52\}$ заменится на $\{00\}$.

		\multicolumn{16}{c}{y}														
		0	1	2	3	4	5	6	7	8	9	a	b	c	d	e	f
	0	63	7c	77	7b	f2	6b	6f	c5	30	01	67	2b	fe	d7	ab	76
	1	ca	82	c9	7d	fa	59	47	f0	ad	d4	a2	af	9c	a4	72	c0
	2	b7	fd	93	26	36	3f	f7	cc	34	a5	e5	f1	71	d8	31	15
	3	04	c7	23	c3	18	96	05	9a	07	12	80	e2	eb	27	b2	75
	4	09	83	2c	1a	1b	6e	5a	a0	52	3b	d6	b3	29	e3	2f	84
	5	53	d1	00	ed	20	fc	b1	5b	6a	cb	be	39	4a	4c	58	cf
	6	d0	ef	aa	fb	43	4d	33	85	45	f9	02	7f	50	3c	9f	a8
x	7	51	a3	40	8f	92	9d	38	f5	bc	b6	da	21	10	ff	f3	d2
	8	cd	0c	13	ec	5f	97	44	17	c4	a7	7e	3d	64	5d	19	73
	9	60	81	4f	dc	22	2a	90	88	46	ee	b8	14	de	5e	0b	db
	a	e0	32	3a	0a	49	06	24	5c	c2	d3	ac	62	91	95	e4	79
	b	e7	c8	37	6d	8d	d5	4e	a9	6c	56	f4	ea	65	7a	ae	08
	c	ba	78	25	2e	1c	a6	b4	c6	e8	dd	74	1f	4b	bd	8b	8a
	d	70	3e	b5	66	48	03	f6	0e	61	35	57	b9	86	c1	1d	9e
	e	e1	f8	98	11	69	d9	8e	94	9b	1e	87	e9	ce	55	28	df
	f	8c	a1	89	0d	bf	e6	42	68	41	99	2d	0f	b0	54	bb	16

Рисунок 1.12 — Таблица подстановок операции SubBytes

1.2.8 Операция PerBits

Раундовая операция PerBits осуществляет перестановку битов в байте. В контексте данного алгоритма, операция рассматривается как поворот против часовой стрелки отдельно взятого absolutely dynamic plafal (абсолютно динамического плафала) – PF_{ad}^{uniq} [4, с 589] из комплекса $PF_{S^{16}}^{doc}$, вокруг центра симметрии на угол $\varphi = \frac{360° \cdot n}{8} = 45° \cdot n, n \in N$, n – количество поворотов. Согласно п.1.2.3, раундовые операции PerBits будем производить над правильными 8-угольниками, образующие каждый из plafales (плафалов) комплекса $PF_{S^{16}}^{doc}$. Поворот, на данный угол, переводит правильный 8-угольник сам в себя. Множество углов поворотов: $M = \{45°; 90°; 135°; 180°; 225°; 270°; 315°; 360°\}$. Очевидно, что $M \cong Z_8$, Z_8 – кольцо вычетов по модулю 8. Отдельно взятый правильный 8-угольник – PF_k имеет свое собственное количество поворотов, которое определяется формулой:

$$n = \begin{cases} n \equiv f(k) \pmod 8, & 8 \nmid f(k) \\ 1, & 8 \mid f(k) \end{cases}$$

$f(k)$ – функция количества поворотов, для каждого раунда имеет индивидуальный вид; k – позиция PF_k в сотовой структуре блока (п.1.2.2).

Функция работы поворота $\omega(t)_{PF_d^{uniq}}$ [4, с 590] (в контексте алгоритма: изменение координат вершин правильного 8-угольника в репере R_k, $k = \overline{1;16}$):

$$
\begin{bmatrix} x' \\ y' \end{bmatrix} = \begin{bmatrix} \cos\varphi & -\sin\varphi \\ \sin\varphi & \cos\varphi \end{bmatrix} \cdot \begin{bmatrix} x \\ y \end{bmatrix}
\tag{1.4}
$$

$\begin{bmatrix} \cos\varphi & -\sin\varphi \\ \sin\varphi & \cos\varphi \end{bmatrix}$ – матрица поворота против часовой стрелки; $(x';y')$ – координаты точки, полученные вращением точки $(x;y)$.

Для всех раундов (1-14) будут составлены таблицы, отображающие вышеописанные функциональные характеристики.

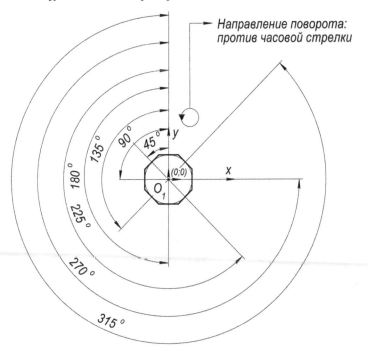

Рисунок 1.13 — Множество углов поворотов для PF_1 комплекса $PF_{S^{16}}^{doc}$

Таблица 1.3 — Вид матрицы поворота от количества поворотов n

n	φ	$\begin{bmatrix} \cos\varphi & -\sin\varphi \\ \sin\varphi & \cos\varphi \end{bmatrix}$
1	45°	$\begin{bmatrix} \frac{\sqrt{2}}{2} & -\frac{\sqrt{2}}{2} \\ \frac{\sqrt{2}}{2} & \frac{\sqrt{2}}{2} \end{bmatrix}$
2	90°	$\begin{bmatrix} 0 & -1 \\ 1 & 0 \end{bmatrix}$
3	135°	$\begin{bmatrix} -\frac{\sqrt{2}}{2} & -\frac{\sqrt{2}}{2} \\ \frac{\sqrt{2}}{2} & -\frac{\sqrt{2}}{2} \end{bmatrix}$
4	180°	$\begin{bmatrix} -1 & 0 \\ 0 & -1 \end{bmatrix}$
5	225°	$\begin{bmatrix} -\frac{\sqrt{2}}{2} & \frac{\sqrt{2}}{2} \\ -\frac{\sqrt{2}}{2} & -\frac{\sqrt{2}}{2} \end{bmatrix}$
6	270°	$\begin{bmatrix} 0 & 1 \\ -1 & 0 \end{bmatrix}$
7	315°	$\begin{bmatrix} \frac{\sqrt{2}}{2} & \frac{\sqrt{2}}{2} \\ -\frac{\sqrt{2}}{2} & \frac{\sqrt{2}}{2} \end{bmatrix}$

Раунд 1

$$f(k) = k :$$

Таблица 1.4

PF_k	$f(k)$	n
PF_1	1	1
PF_2	2	2
PF_3	3	3
PF_4	4	4
PF_5	5	5
PF_6	6	6
PF_7	7	7

PF$_8$	8	1
PF$_9$	9	1
PF$_{10}$	10	2
PF$_{11}$	11	3
PF$_{12}$	12	4
PF$_{13}$	13	5
PF$_{14}$	14	6
PF$_{15}$	15	7
PF$_{16}$	16	1

Раунд 2

$$f(k) = k^2 :$$

Таблица 1.5

PF$_k$	$f(k)$	n
PF$_1$	1	1
PF$_2$	4	4
PF$_3$	9	1
PF$_4$	16	1
PF$_5$	25	1
PF$_6$	36	4
PF$_7$	49	1
PF$_8$	64	1
PF$_9$	81	1
PF$_{10}$	100	4
PF$_{11}$	121	1
PF$_{12}$	144	1
PF$_{13}$	169	1
PF$_{14}$	196	4
PF$_{15}$	225	1

PF$_{16}$	256	1

Раунд 3

$$f(k) = k^3 :$$

Таблица 1.6

PF$_k$	$f(k)$	n
PF$_1$	1	1
PF$_2$	8	1
PF$_3$	27	3
PF$_4$	64	1
PF$_5$	125	5
PF$_6$	216	1
PF$_7$	343	7
PF$_8$	512	1
PF$_9$	729	1
PF$_{10}$	1000	1
PF$_{11}$	1331	3
PF$_{12}$	1728	1
PF$_{13}$	2197	5
PF$_{14}$	2744	1
PF$_{15}$	3375	7
PF$_{16}$	4096	1

Раунд 4

$$f(k) = k^2 + k :$$

Таблица 1.7

PF$_k$	$f(k)$	n

PF$_1$	2	2
PF$_2$	6	6
PF$_3$	12	4
PF$_4$	20	4
PF$_5$	30	6
PF$_6$	42	2
PF$_7$	56	1
PF$_8$	72	1
PF$_9$	90	2
PF$_{10}$	110	6
PF$_{11}$	132	4
PF$_{12}$	156	4
PF$_{13}$	182	6
PF$_{14}$	210	2
PF$_{15}$	240	1
PF$_{16}$	272	1

Раунд 5

$$f(k) = k^3 + k :$$

Таблица 1.8

PF$_k$	$f(k)$	n
PF$_1$	2	2
PF$_2$	10	2
PF$_3$	30	6
PF$_4$	68	4
PF$_5$	130	2
PF$_6$	222	6
PF$_7$	350	6
PF$_8$	520	1

PF$_9$	738	2
PF$_{10}$	1010	2
PF$_{11}$	1342	6
PF$_{12}$	1740	4
PF$_{13}$	2210	2
PF$_{14}$	2758	6
PF$_{15}$	3390	6
PF$_{16}$	4112	1

Раунд 6

$$f(k) = [\pi^k] :$$

Таблица 1.9

PF$_k$	$f(k)$	n
PF$_1$	3	3
PF$_2$	9	1
PF$_3$	31	7
PF$_4$	97	1
PF$_5$	306	2
PF$_6$	961	1
PF$_7$	3020	4
PF$_8$	9488	1
PF$_9$	29809	1
PF$_{10}$	93648	1
PF$_{11}$	294204	4
PF$_{12}$	924269	5
PF$_{13}$	2903677	5
PF$_{14}$	9122171	3
PF$_{15}$	28658145	1
PF$_{16}$	90032220	4

Раунд 7

$$f(k) = 2^k + 1 :$$

Таблица 1.10

PF_k	$f(k)$	n
PF_1	3	3
PF_2	5	5
PF_3	9	1
PF_4	17	1
PF_5	33	1
PF_6	65	1
PF_7	129	1
PF_8	257	1
PF_9	513	1
PF_{10}	1025	1
PF_{11}	2049	1
PF_{12}	4097	1
PF_{13}	8193	1
PF_{14}	16385	1
PF_{15}	32769	1
PF_{16}	65537	1

Раунд 8

$$f(k) = k^3 :$$

Таблица 1.11

PF_k	$f(k)$	n
PF_1	1	1
PF_2	8	1

PF$_3$	27	3
PF$_4$	64	1
PF$_5$	125	5
PF$_6$	216	1
PF$_7$	343	7
PF$_8$	512	1
PF$_9$	729	1
PF$_{10}$	1000	1
PF$_{11}$	1331	3
PF$_{12}$	1728	1
PF$_{13}$	2197	5
PF$_{14}$	2744	1
PF$_{15}$	3375	7
PF$_{16}$	4096	1

Раунд 9

$$f(k) = k^2 :$$

Таблица 1.12

PF$_k$	$f(k)$	n
PF$_1$	1	1
PF$_2$	4	4
PF$_3$	9	1
PF$_4$	16	1
PF$_5$	25	1
PF$_6$	36	4
PF$_7$	49	1
PF$_8$	64	1
PF$_9$	81	1
PF$_{10}$	100	4

PF$_{11}$	121	1
PF$_{12}$	144	1
PF$_{13}$	169	1
PF$_{14}$	196	4
PF$_{15}$	225	1
PF$_{16}$	256	1

Раунд 10

$$f(k) = 2^k + 1 :$$

Таблица 1.13

PF$_k$	$f(k)$	n
PF$_1$	3	3
PF$_2$	5	5
PF$_3$	9	1
PF$_4$	17	1
PF$_5$	33	1
PF$_6$	65	1
PF$_7$	129	1
PF$_8$	257	1
PF$_9$	513	1
PF$_{10}$	1025	1
PF$_{11}$	2049	1
PF$_{12}$	4097	1
PF$_{13}$	8193	1
PF$_{14}$	16385	1
PF$_{15}$	32769	1
PF$_{16}$	65537	1

Раунд 11

$$f(k) = k :$$

Таблица 1.14

PF_k	$f(k)$	n
PF_1	1	1
PF_2	2	2
PF_3	3	3
PF_4	4	4
PF_5	5	5
PF_6	6	6
PF_7	7	7
PF_8	8	1
PF_9	9	1
PF_{10}	10	2
PF_{11}	11	3
PF_{12}	12	4
PF_{13}	13	5
PF_{14}	14	6
PF_{15}	15	7
PF_{16}	16	1

Раунд 12

$$f(k) = k^3 + k :$$

Таблица 1.15

PF_k	$f(k)$	n
PF_1	2	2
PF_2	10	2

PF$_3$	30	6
PF$_4$	68	4
PF$_5$	130	2
PF$_6$	222	6
PF$_7$	350	6
PF$_8$	520	1
PF$_9$	738	2
PF$_{10}$	1010	2
PF$_{11}$	1342	6
PF$_{12}$	1740	4
PF$_{13}$	2210	2
PF$_{14}$	2758	6
PF$_{15}$	3390	6
PF$_{16}$	4112	1

Раунд 13

$$f(k) = [\pi^k] :$$

Таблица 1.16

PF$_k$	$f(k)$	n
PF$_1$	3	3
PF$_2$	9	1
PF$_3$	31	7
PF$_4$	97	1
PF$_5$	306	2
PF$_6$	961	1
PF$_7$	3020	4
PF$_8$	9488	1
PF$_9$	29809	1
PF$_{10}$	93648	1

PF$_{11}$	294204	4
PF$_{12}$	924269	5
PF$_{13}$	2903677	5
PF$_{14}$	9122171	3
PF$_{15}$	28658145	1
PF$_{16}$	90032220	4

Раунд 14

$$f(k) = k^2 + k :$$

Таблица 1.17

PF$_k$	$f(k)$	n
PF$_1$	2	2
PF$_2$	6	6
PF$_3$	12	4
PF$_4$	20	4
PF$_5$	30	6
PF$_6$	42	2
PF$_7$	56	1
PF$_8$	72	1
PF$_9$	90	2
PF$_{10}$	110	6
PF$_{11}$	132	4
PF$_{12}$	156	4
PF$_{13}$	182	6
PF$_{14}$	210	2
PF$_{15}$	240	1
PF$_{16}$	272	1

1.2.9 Операция ShiftBytes

Раундовая операция ShiftBytes осуществляет циклический сдвиг байт в матрице состояний на различные величины. В контексте данного алгоритма рассматривается как параллельный перенос PF_i (п.1.2.2) на PF_j (п.1.2.2); $i \neq j$ комплекса $PF_{S^{16}}^{doc}$. Параллельный перенос – „lucidification" of the system of plafales [4, с 592] (осветление сотовой структуры блока) – $LUC_{PF_{S^{16}}}$.

$$LUC_{PF_{S^{16}}} = \begin{cases} PF_2 \to PF_{14}, PF_{14} \to PF_{10}, PF_{10} \to PF_6, PF_6 \to PF_2 \\ PF_3 \to PF_{11}, PF_{15} \to PF_7, PF_{11} \to PF_3, PF_7 \to PF_{15} \\ PF_4 \to PF_8, PF_{16} \to PF_4, PF_{12} \to PF_{16}, PF_8 \to PF_{12} \end{cases}$$

Согласно п.1.2.3, раундовые операции ShiftBytes будем производить над правильными 8-угольниками, образующие каждый из plafales (плафалов) комплекса $PF_{S^{16}}^{doc}$. То есть, правильный 8-угольник который занимает 2 позицию, параллельным переносом переходит на 14 позицию и т.д. Фактически, правильный 8-угольник из репера R_i переходит в репер R_j. Вектором указанного перехода выступает $\overrightarrow{O_iO_j}$. Обобщая вышесказанное:

$$\begin{cases} R_2 \to R_{14}, \overrightarrow{O_2O_{14}} = (6,0) \\ R_{14} \to R_{10}, \overrightarrow{O_{14}O_{10}} = (-2,0) \\ R_{10} \to R_6, \overrightarrow{O_{10}O_6} = (-2,0) \\ R_6 \to R_2, \overrightarrow{O_6O_2} = (-2,0) \\ R_3 \to R_{11}, \overrightarrow{O_3O_{11}} = (4,0) \\ R_{15} \to R_7, \overrightarrow{O_{15}O_7} = (-4,0) \\ R_{11} \to R_3, \overrightarrow{O_{11}O_3} = (-4,0) \\ R_7 \to R_{15}, \overrightarrow{O_7O_{15}} = (4,0) \\ R_4 \to R_8, \overrightarrow{O_4O_8} = (2,0) \\ R_{16} \to R_4, \overrightarrow{O_{16}O_4} = (-6,0) \\ R_{12} \to R_{16}, \overrightarrow{O_{12}O_{16}} = (2,0) \\ R_8 \to R_{12}, \overrightarrow{O_8O_{12}} = (2,0) \end{cases}$$

Данная конфигурация выполняется во всех раундах 1-14.

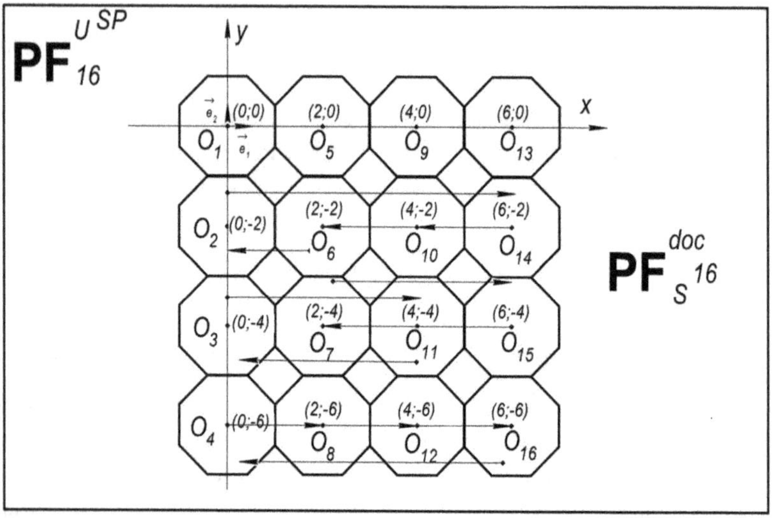

Рисунок 1.14 — Раундовая операция ShiftBytes

1.2.10 Операция PerBytes

Операция PerBytes осуществляет перестановку байт в матрице состояний. В контексте данного алгоритма рассматривается как поворот против часовой стрелки absolutely dynamic plafal (абсолютно динамического плафала) – PF_{ad}^{uniq} вокруг центра симметрии на угол $\varphi = \frac{360° \cdot n}{16} = 22.5° \cdot n$, n – количество поворотов. Согласно п.1.2.3 и п.1.2.5, раундовые операции PerBytes будем производить над правильным 16-угольником, образующий форму. Поворот, на данный угол, переводит правильный 16-угольник сам в себя. Множество углов поворотов:

$$M = \{22.5°; 45°; 67.5°; 90°; 112.5°; 135°; 157.5°; 180°; 202.5°; 225°; 247.5°; 270°;$$

$$292.5°; 315°; 337.5°; 360°\}$$

Очевидно, что $M \cong Z_{16}$, Z_{16} – кольцо вычетов по модулю 16. Правильный 16-угольник – $PF_{\text{Форма}}$, в каждом из 13 раундов, имеет свое собственное количество поворотов, которое определяется формулой:

$$n = \begin{cases} n \equiv f(k) \ (mod \ 16), \ 16 \nmid f(k) \\ 1, \ 16 \mid f(k) \end{cases}$$

$f(k)$ – функция количества поворотов, $f(k) = \frac{(\frac{1+\sqrt{5}}{2})^k - (\frac{1-\sqrt{5}}{2})^k}{\sqrt{5}}$, k – номер раунда.

Функция работы поворота $\omega(t)_{PF_d^{uniq}}$ [4, с 590] (в контексте алгоритма: изменение координат вершин правильного 16-угольника в репере R_1):

$$\begin{bmatrix} x' \\ y' \end{bmatrix} = \begin{bmatrix} \cos\varphi & -\sin\varphi \\ \sin\varphi & \cos\varphi \end{bmatrix} \cdot \begin{bmatrix} x \\ y \end{bmatrix} \tag{1.5}$$

$\begin{bmatrix} \cos\varphi & -\sin\varphi \\ \sin\varphi & \cos\varphi \end{bmatrix}$ – матрица поворота против часовой стрелки; $(x'; y')$ – координаты точки, полученные вращением точки $(x; y)$.

Для всех раундов (1-13) будут составлены таблицы, отображающие вышеописанные функциональные характеристики.

Таблица 1.18 — Вид матрицы поворота от количества поворотов n

n	φ	$\begin{bmatrix} \cos\varphi & -\sin\varphi \\ \sin\varphi & \cos\varphi \end{bmatrix}$
1	22.5°	$\begin{bmatrix} 0.92 & -0.38 \\ 0.38 & 0.92 \end{bmatrix}$
2	45°	$\begin{bmatrix} \frac{\sqrt{2}}{2} & -\frac{\sqrt{2}}{2} \\ \frac{\sqrt{2}}{2} & \frac{\sqrt{2}}{2} \end{bmatrix}$
3	67.5°	$\begin{bmatrix} 0.38 & -0.92 \\ 0.92 & 0.38 \end{bmatrix}$
4	90°	$\begin{bmatrix} 0 & -1 \\ 1 & 0 \end{bmatrix}$
5	112.5°	$\begin{bmatrix} -0.38 & -0.92 \\ 0.92 & -0.38 \end{bmatrix}$
6	135°	$\begin{bmatrix} -\frac{\sqrt{2}}{2} & -\frac{\sqrt{2}}{2} \\ \frac{\sqrt{2}}{2} & -\frac{\sqrt{2}}{2} \end{bmatrix}$

7	157.5°	$\begin{bmatrix} -0.92 & -0.38 \\ 0.38 & -0.92 \end{bmatrix}$
8	180°	$\begin{bmatrix} -1 & 0 \\ 0 & -1 \end{bmatrix}$
9	202.5°	$\begin{bmatrix} -0.92 & 0.38 \\ -0.38 & -0.92 \end{bmatrix}$
10	225°	$\begin{bmatrix} -\frac{\sqrt{2}}{2} & \frac{\sqrt{2}}{2} \\ -\frac{\sqrt{2}}{2} & -\frac{\sqrt{2}}{2} \end{bmatrix}$
11	247.5°	$\begin{bmatrix} -0.38 & 0.92 \\ -0.92 & -0.38 \end{bmatrix}$
12	270°	$\begin{bmatrix} 0 & 1 \\ -1 & 0 \end{bmatrix}$
13	292.5°	$\begin{bmatrix} 0.38 & 0.92 \\ -0.92 & 0.38 \end{bmatrix}$
14	315°	$\begin{bmatrix} \frac{\sqrt{2}}{2} & \frac{\sqrt{2}}{2} \\ -\frac{\sqrt{2}}{2} & \frac{\sqrt{2}}{2} \end{bmatrix}$
15	337.5°	$\begin{bmatrix} 0.92 & 0.38 \\ -0.38 & 0.92 \end{bmatrix}$

Раунд 1

Таблица 1.19

PF$_{\text{Форма}}$	$f(k)$	n
PF$_{\text{Форма}}$	1	1

Раунд 2

Таблица 1.20

PF$_{\text{Форма}}$	$f(k)$	n
PF$_{\text{Форма}}$	1	1

Раунд 3

Таблица 1.21

PF$_{\text{Форма}}$	$f(k)$	n
PF$_{\text{Форма}}$	2	2

Раунд 4

Таблица 1.22

PF$_{\text{Форма}}$	$f(k)$	n
PF$_{\text{Форма}}$	3	3

Раунд 5

Таблица 1.23

PF$_{\text{Форма}}$	$f(k)$	n
PF$_{\text{Форма}}$	5	5

Раунд 6

Таблица 1.24

PF$_{\text{Форма}}$	$f(k)$	n
PF$_{\text{Форма}}$	8	8

Раунд 7

Таблица 1.25

PF$_{\text{Форма}}$	$f(k)$	n
PF$_{\text{Форма}}$	13	13

Раунд 8

Таблица 1.26

PF$_{\text{Форма}}$	$f(k)$	n
PF$_{\text{Форма}}$	21	5

Раунд 9

Таблица 1.27

PF$_{\text{Форма}}$	$f(k)$	n
PF$_{\text{Форма}}$	34	2

Раунд 10

Таблица 1.28

PF$_{\text{Форма}}$	$f(k)$	n
PF$_{\text{Форма}}$	55	7

Раунд 11

Таблица 1.29

PF$_{\text{Форма}}$	$f(k)$	n
PF$_{\text{Форма}}$	89	9

Раунд 12

Таблица 1.30

PF$_{\text{Форма}}$	$f(k)$	n
PF$_{\text{Форма}}$	144	1

Раунд 13

Таблица 1.31

PF$_{\text{Форма}}$	$f(k)$	n
PF$_{\text{Форма}}$	233	9

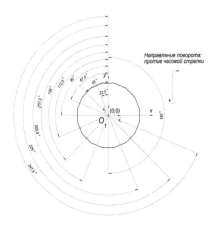

Рисунок 1.15 — Множество углов поворотов для PF$_{\text{Форма}}$

1.2.11 InvSubBytes

Это преобразование обратно преобразованию SubBytes. Раундовая операция InvSubBytes осуществляет подстановку байтов в матрице состояний с помощью обратной таблицы подстановок – рис.1.16.

		y														
	0	1	2	3	4	5	6	7	8	9	a	b	c	d	e	f
0	52	09	6a	d5	30	36	a5	38	bf	40	a3	9e	81	f3	d7	fb
1	7c	e3	39	82	9b	2f	ff	87	34	8e	43	44	c4	de	e9	cb
2	54	7b	94	32	a6	c2	23	3d	ee	4c	95	0b	42	fa	c3	4e
3	08	2e	a1	66	28	d9	24	b2	76	5b	a2	49	6d	8b	d1	25
4	72	f8	f6	64	86	68	98	16	d4	a4	5c	cc	5d	65	b6	92
5	6c	70	48	50	fd	ed	b9	da	5e	15	46	57	a7	8d	9d	84
6	90	d8	ab	00	8c	bc	d3	0a	f7	e4	58	05	b8	b3	45	06
7	d0	2c	1e	8f	ca	3f	0f	02	c1	af	bd	03	01	13	8a	6b
8	3a	91	11	41	4f	67	dc	ea	97	f2	cf	ce	f0	b4	e6	73
9	96	ac	74	22	e7	ad	35	85	e2	f9	37	e8	1c	75	df	6e
a	47	f1	1a	71	1d	29	c5	89	6f	b7	62	0e	aa	18	be	1b
b	fc	56	3e	4b	c6	d2	79	20	9a	db	c0	fe	78	cd	5a	f4
c	1f	dd	a8	33	88	07	c7	31	b1	12	10	59	27	80	ec	5f
d	60	51	7f	a9	19	b5	4a	0d	2d	e5	7a	9f	93	c9	9c	ef
e	a0	e0	3b	4d	ae	2a	f5	b0	c8	eb	bb	3c	83	53	99	61
f	17	2b	04	7e	ba	77	d6	26	e1	69	14	63	55	21	0c	7d

Рисунок 1.16 — Таблица подстановок операции InvSubBytes

1.2.12 InvPerBits

Это преобразование обратно преобразованию PerBits. Раундовая операция InvPerBits осуществляет перестановку битов в байте. В контексте данного алгоритма, операция рассматривается как поворот вокруг часовой стрелки отдельно взятого absolutely dynamic plafal (абсолютно динамического плафала) – PF_{ad}^{uniq} [4, с 589] из комплекса $PF_{S^{16}}^{doc}$, вокруг центра симметрии на угол $\varphi = \frac{360° \cdot n}{8} = 45° \cdot n, n \in N$, n – количество поворотов. Согласно п.1.2.3, раундовые операции InvPerBits будем производить над правильными 8-угольниками, образующие каждый из plafales (плафалов) комплекса $PF_{S^{16}}^{doc}$. Поворот, на данный угол, переводит правильный 8-угольник сам в себя. Множество углов поворотов: $M = \{45°; 90°; 135°; 180°; 225°; 270°; 315°; 360°\}$. Очевидно, что $M \cong Z_8$, Z_8 – кольцо вычетов по модулю 8. Отдельно взятый правильный 8-угольник – PF_k имеет свое собственное количество поворотов, которое определяется формулой:

$$n = \begin{cases} n \equiv f(k) \ (mod\,8), \ 8 \nmid f(k) \\ 1, \ 8 \mid f(k) \end{cases}$$

$f(k)$ – функция количества поворотов, для каждого раунда имеет индивидуальный вид; k – позиция PF_k в сотовой структуре блока (п.1.2.2).

Функция работы поворота $\omega(t)_{PF_d^{uniq}}$ [4, с 590] (в контексте алгоритма: изменение координат вершин правильного 8-угольника в репере R_k, $k = \overline{1; 16}$):

$$\begin{bmatrix} x' \\ y' \end{bmatrix} = \begin{bmatrix} \cos\varphi & \sin\varphi \\ -\sin\varphi & \cos\varphi \end{bmatrix} \cdot \begin{bmatrix} x \\ y \end{bmatrix} \tag{1.6}$$

$\begin{bmatrix} \cos\varphi & \sin\varphi \\ -\sin\varphi & \cos\varphi \end{bmatrix}$ – матрица поворота вокруг часовой стрелки; $(x'; y')$ – координаты точки, полученные вращением точки $(x; y)$.

Таблица 1.32 — Вид матрицы поворота от количества поворотов n

n	φ	$\begin{matrix} \cos\varphi & \sin\varphi \\ -\sin\varphi & \cos\varphi \end{matrix}$
1	$45°$	$\begin{matrix} \frac{\sqrt{2}}{2} & \frac{\sqrt{2}}{2} \\ -\frac{\sqrt{2}}{2} & \frac{\sqrt{2}}{2} \end{matrix}$

2	90°	$\begin{bmatrix} 0 & 1 \\ -1 & 0 \end{bmatrix}$
3	135°	$\begin{bmatrix} -\frac{\sqrt{2}}{2} & \frac{\sqrt{2}}{2} \\ -\frac{\sqrt{2}}{2} & -\frac{\sqrt{2}}{2} \end{bmatrix}$
4	180°	$\begin{bmatrix} -1 & 0 \\ 0 & -1 \end{bmatrix}$
5	225°	$\begin{bmatrix} -\frac{\sqrt{2}}{2} & -\frac{\sqrt{2}}{2} \\ \frac{\sqrt{2}}{2} & -\frac{\sqrt{2}}{2} \end{bmatrix}$
6	270°	$\begin{bmatrix} 0 & -1 \\ 1 & 0 \end{bmatrix}$
7	315°	$\begin{bmatrix} \frac{\sqrt{2}}{2} & -\frac{\sqrt{2}}{2} \\ \frac{\sqrt{2}}{2} & \frac{\sqrt{2}}{2} \end{bmatrix}$

Раунды 1-14 выполняются в порядке 14-1 раундовой операции PerBits. То есть, 1-ый раунд операции InvPerBits – 14 раунд операции PerBits и т.д.

1.2.13 InvShiftBytes

Это преобразование обратно преобразованию ShiftBytes. Раундовая операция InvShiftBytes осуществляет циклический сдвиг байт в матрице состояний на различные величины. В контексте данного алгоритма рассматривается как параллельный перенос PF_j (п.1.2.2) на PF_i (п.1.2.2); $j \neq i$ комплекса $PF_{S^{16}}^{doc}$. Параллельный перенос – „lucidification“ of the system of plafales [4, с 592] (осветление сотовой структуры блока) – $LUC_{PF_{S^{16}}}$.

$$LUC_{PF_{S^{16}}} = \begin{cases} PF_{14} \to PF_2, PF_{10} \to PF_{14}, PF_6 \to PF_{10}, PF_2 \to PF_6 \\ PF_{11} \to PF_3, PF_7 \to PF_{15}, PF_3 \to PF_{11}, PF_{15} \to PF_7 \\ PF_8 \to PF_4, PF_4 \to PF_{16}, PF_{16} \to PF_{12}, PF_{12} \to PF_8 \end{cases}$$

Согласно п.1.2.3, раундовые операции InvShiftBytes будем производить над правильными 8-угольниками, образующие каждый из plafales (плафалов) комплекса $PF_{S^{16}}^{doc}$. То есть, правильный 8-угольник который занимает 14 позицию, параллельным переносом переходит на 2 позицию и т.д. Фактически, правильный 8-угольник из репера R_j переходит в репер R_i. Вектором указанного перехода выступает $\overrightarrow{O_jO_i} = -\overrightarrow{O_iO_j}$. Обобщая вышесказанное:

$$
\begin{cases}
R_{14} \to R_2, \overrightarrow{O_2O_{14}} = (-6,0) \\
R_{10} \to R_{14}, \overrightarrow{O_{14}O_{10}} = (2,0) \\
R_6 \to R_{10}, \overrightarrow{O_{10}O_6} = (2,0) \\
R_2 \to R_6, \overrightarrow{O_6O_2} = (2,0) \\
R_{11} \to R_3, \overrightarrow{O_3O_{11}} = (-4,0) \\
R_7 \to R_{15}, \overrightarrow{O_{15}O_7} = (4,0) \\
R_3 \to R_{11}, \overrightarrow{O_{11}O_3} = (4,0) \\
R_{15} \to R_7, \overrightarrow{O_7O_{15}} = (-4,0) \\
R_8 \to R_4, \overrightarrow{O_4O_8} = (-2,0) \\
R_4 \to R_{16}, \overrightarrow{O_{16}O_4} = (6,0) \\
R_{16} \to R_{12}, \overrightarrow{O_{12}O_{16}} = (-2,0) \\
R_{12} \to R_8, \overrightarrow{O_8O_{12}} = (-2,0)
\end{cases}
$$

Данная конфигурация выполняется во всех раундах 1-14.

1.2.14 InvPerBytes

Это преобразование обратно преобразованию PerBytes. Операция InvPerBytes осуществляет перестановку байт в матрице состояний. В контексте данного алгоритма рассматривается как поворот вокруг часовой стрелки absolutely dynamic plafal (абсолютно динамического плафала) – PF_{ad}^{uniq} вокруг центра симметрии на угол $\varphi = \frac{360° \cdot n}{16} = 22.5° \cdot n$, n – количество поворотов. Согласно п.1.2.3 и п.1.2.5, раундовые операции InvPerBytes будем производить над правильным 16-угольником, образующий форму. Поворот, на данный угол, переводит правильный 16-угольник сам в себя. Множество углов поворотов:

$$
M = \{22.5°; 45°; 67.5°; 90°; 112.5°; 135°; 157.5°; 180°; 202.5°; 225°; 247.5°; 270°;
$$

$$
292.5°; 315°; 337.5°; 360°\}
$$

Очевидно, что $M \cong Z_{16}$, Z_{16} – кольцо вычетов по модулю 16. Правильный 16-угольник – $\mathrm{PF_{Форма}}$, в каждом из 13 раундов, имеет свое собственное количество поворотов, которое определяется формулой:

$$n = \begin{cases} n \equiv f(k) \ (mod\ 16),\ 16 \nmid f(k) \\ 1,\ 16 \mid f(k) \end{cases}$$

$f(k)$ – функция количества поворотов, $f(k) = \frac{\left(\frac{1+\sqrt{5}}{2}\right)^{15-k} - \left(\frac{1-\sqrt{5}}{2}\right)^{15-k}}{\sqrt{5}}$, k – номер раунда.

Функция работы поворота $\omega(t)_{PF_d^{uniq}}$ [4, с 590] (в контексте алгоритма: изменение координат вершин правильного 16-угольника в репере R_1):

$$\begin{bmatrix} x' \\ y' \end{bmatrix} = \begin{bmatrix} \cos\varphi & \sin\varphi \\ -\sin\varphi & \cos\varphi \end{bmatrix} \cdot \begin{bmatrix} x \\ y \end{bmatrix} \tag{1.7}$$

$\begin{bmatrix} \cos\varphi & \sin\varphi \\ -\sin\varphi & \cos\varphi \end{bmatrix}$ – матрица поворота вокруг часовой стрелки; $(x'; y')$ – координаты точки, полученные вращением точки $(x; y)$.

Таблица 1.33 — Вид матрицы поворота от количества поворотов n

n	φ	$\begin{bmatrix} \cos\varphi & \sin\varphi \\ -\sin\varphi & \cos\varphi \end{bmatrix}$
1	$22.5°$	$\begin{bmatrix} 0.92 & 0.38 \\ -0.38 & 0.92 \end{bmatrix}$
2	$45°$	$\begin{bmatrix} \frac{\sqrt{2}}{2} & \frac{\sqrt{2}}{2} \\ -\frac{\sqrt{2}}{2} & \frac{\sqrt{2}}{2} \end{bmatrix}$
3	$67.5°$	$\begin{bmatrix} 0.38 & 0.92 \\ -0.92 & 0.38 \end{bmatrix}$
4	$90°$	$\begin{bmatrix} 0 & 1 \\ -1 & 0 \end{bmatrix}$
5	$112.5°$	$\begin{bmatrix} -0.38 & 0.92 \\ -0.92 & -0.38 \end{bmatrix}$
6	$135°$	$\begin{bmatrix} -\frac{\sqrt{2}}{2} & \frac{\sqrt{2}}{2} \\ -\frac{\sqrt{2}}{2} & -\frac{\sqrt{2}}{2} \end{bmatrix}$

7	157.5°	$\begin{bmatrix} -0.92 & 0.38 \\ -0.38 & -0.92 \end{bmatrix}$
8	180°	$\begin{bmatrix} -1 & 0 \\ 0 & -1 \end{bmatrix}$
9	202.5°	$\begin{bmatrix} -0.92 & -0.38 \\ 0.38 & -0.92 \end{bmatrix}$
10	225°	$\begin{bmatrix} -\frac{\sqrt{2}}{2} & -\frac{\sqrt{2}}{2} \\ \frac{\sqrt{2}}{2} & -\frac{\sqrt{2}}{2} \end{bmatrix}$
11	247.5°	$\begin{bmatrix} -0.38 & -0.92 \\ 0.92 & -0.38 \end{bmatrix}$
12	270°	$\begin{bmatrix} 0 & -1 \\ 1 & 0 \end{bmatrix}$
13	292.5°	$\begin{bmatrix} 0.38 & -0.92 \\ 0.92 & 0.38 \end{bmatrix}$
14	315°	$\begin{bmatrix} \frac{\sqrt{2}}{2} & -\frac{\sqrt{2}}{2} \\ \frac{\sqrt{2}}{2} & \frac{\sqrt{2}}{2} \end{bmatrix}$
15	337.5°	$\begin{bmatrix} 0.92 & -0.38 \\ 0.38 & 0.92 \end{bmatrix}$

Раунды 2-14 выполняются в порядке 13-1 раундовой операции PerBytes. То есть, 2-ой раунд операции InvPerBytes – 13 раунд операции PerBytes и т.д.

1.3 Алгоритм выработки ключей (Key Schedule)

Раундовые ключи получаются из ключа шифрования посредством алгоритма выработки ключей. Он содержит два компонента: расширение ключа и выбор раундового ключа. Основополагающие принципы алгоритма выглядят следующим образом:

1. Общее число битов раундовых ключей равно длине блока, умноженной на число раундов, плюс 1. То есть, 128·(14+1)=1920 бит = 240 байт. Размерность каждого из пятнадцати раундовых ключей – 16 байт.

2. Ключ шифрования расширяется в расширенный ключ.

3. Раундовые ключи берутся из расширенного ключа следующим образом: первый раундовый ключ содержит первые 16 байт, второй – следующие 16 байт и т.д.

Процедура ExpandKey

● Первые шестнадцать байтов ключа шифрования остаются неизменными.

Ко вторым шестнадцати байтам ключа шифрования применяется процедура SubBytes (рис.1.12). Последующие байты расширенного ключа определяются следующим образом:

$$a_{32+i} = a_{31+i} \oplus a_i, i = \overline{1; 208}$$

Каждый последующий байт a_{32+i} получается посредством XOR предыдущего байта и байта, на 32 позиций ранее.

● К каждой из последовательностей: $\{\overline{a_{33}; a_{48}}\}$; $\{\overline{a_{49}; a_{64}}\}$; $\{\overline{a_{65}; a_{80}}\}$; $\{\overline{a_{81}; a_{96}}\}$; $\{\overline{a_{97}; a_{112}}\}$; $\{\overline{a_{113}; a_{128}}\}$; $\{\overline{a_{129}; a_{144}}\}$; $\{\overline{a_{145}; a_{160}}\}$; $\{\overline{a_{161}; a_{176}}\}$; $\{\overline{a_{177}; a_{192}}\}$; $\{\overline{a_{193}; a_{208}}\}$; $\{\overline{a_{209}; a_{224}}\}$; $\{\overline{a_{225}; a_{240}}\}$ применяются однократно процедуры SubBytes, PerBits, ShiftByte. Раунды (1-13) процедуры PerBits применяются в порядке указанных последовательностей. То есть, к последовательности $\{\overline{a_{33}; a_{48}}\}$ применяется 1-ый раунд PerBits (п.1.2.8), к последовательности $\{\overline{a_{49}; a_{64}}\}$ применяется 2-ой раунд PerBits и т.д. Полученные, таким образом, матрицы состояний (п.1.2.4) и являются, соответственно, раундовыми ключами 3-15.

Процедура AddRoundKey

В данной операции матрица состояний раундового ключа добавляется к матрице состояний блока посредством простого поразрядного XOR (используя правила сложения квадратных матриц). Для процедуры зашифрования, к матрице открытого текста добавляются первые шестнадцать байтов ключа шифрования и т.д. Для процедуры расшифрования, раундовые ключи используются в обратном порядке.

1.4 Имитовставка

Для обеспечения имитозащиты открытых данных, состоящих из М количества 128-разрядных блоков $T_o^{(1)}$, $T_o^{(2)}$,..., $T_o^{(M)}$ где $M > 2$, вырабатывается дополнительный блок из 64 бит (имитовставка I_1). Процесс выработки имитовставки осуществляется в режиме шифрования СВС. Количество раундов зашифрования для каждого блока – 7. Из полученного конечного значения выбирается отрезок I_1 (имитовставка) длиной 64 бита. Поступившие зашифрованные данные расшифровываются, из полученных блоков открытых данных, аналогично описанному выше, вырабатывается имитовставка I_2, которая затем сравнивается с имитовставкой I_1 полученной вместе с зашифрованными данными. В случае несовпадения имитовставок полученные данные считаются ложными. Выработка имитовставки может производится или перед зашифрованием (после расшифрования) всего сообщения, или параллельно с зашифрованием (расшифрованием) по блокам. Первые блоки открытых данных, которые участвуют в выработке имитовставки, могут содержать служебную информацию (адресную часть, отметку времени, синхропосылку и т.д.) и не зашифровываются. Вероятность навязывания ложных данных равна 2^{-64}.

1.5 Основной режим шифрования – режим гаммирования

В качестве основного режима шифрования, представляется возможным использовать *режим гаммирования со следующей конфигурацией* – рис.1.17 – 1.18: с ГПК с использованием **R-блоков** [7] (*стохастическое преобразование С. А. Осмоловского*) снимается многоразрядная двоичная последовательность и подается на блок шифрования E_{AB}, с которого выходит результирующая гамма γ_i и складывается с блоком открытого текста p_i. Указанный генератор выступает, также, в роли генератора ключа шифрования. Данный режим близкий по конструкции к режиму счетчика (counter). Безусловно, данный режим позволяет превратить алгоритм в поточное шифрование.

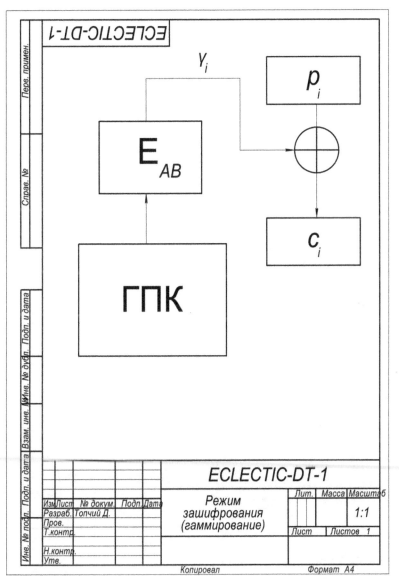

Рисунок 1.17 — Простой режим зашифрования при гаммировании

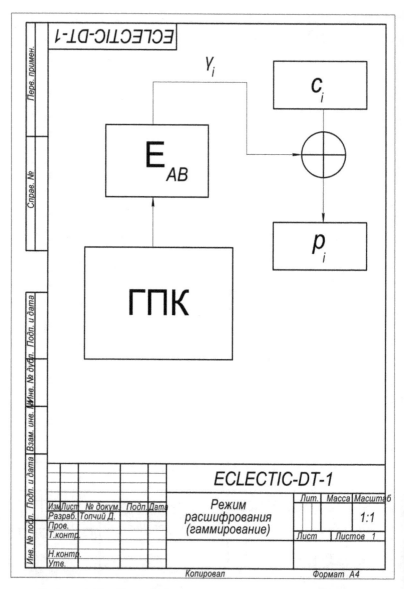

Рисунок 1.18 — Простой режим расшифрования при гаммировании

1.6 Система опознавания «свой-чужой»

Система опознавания «свой-чужой» [8, 9], включающая запросчик, в состав которого входят последовательно соединенные генератор импульсов, цифровой счетчик, кодовое вычислительное устройство, вычитающее устройство, а также приемник ответного сигнала, выход которого через декодер ответного сигнала подключен ко второму входу вычитающего устройства, и ответчик, включающий последовательно соединенные генератор импульсов, цифровой счетчик, кодовое вычислительное устройство, сумматор, кодирующее устройство и передатчик ответного сигнала, причем синхронизатор по фазе усиливает импульсы от генератора импульсов запросчика и подает их на вход генератора импульсов ответчика, а синхронизатор цифрового кода усиливает выходные сигналы цифрового счетчика запросчика и подает их затем к фицровому счетчику ответчика, отличающаяся тем, что в запросчик дополнительно включаются последовательно соединенные регистр запросного числа, первый электронный ключ, кодер запросного числа, передатчик, антенный коммутатор, антенна, а также генератор тактовых импульсов, который через второй электронный ключ подключен к счетчику тактовых импульсов и второму входу кодера запросного числа, второй выход антенного коммутатора подключен ко входу приемника ответного сигнала, выход счетчика тактовых импульсов соединен со вторым входом второго электронного ключа, выход первого электронного ключа через первую линию задержки соединен со вторым входом первого электронного ключа, третий выход генератора импульсов через вторую линию задержки соединен с первым входом регистра запросного числа, а через схему совпадений - с третьим входом первого электронного ключа и третьим входом кодера запросного числа, выход схемы совпадений через третью линию задержки соединен со вторым входом счетчика тактовых импульсов и третьим входом второго электронного ключа, выход кодового вычислительного устройства через шифровальную колодку соединен со вторым входом регистра запросного числа, а в ответчик дополнительно вводятся последовательно соединенные буферный регистр, третий электронный ключ, регистр пароля, сумматор по модулю два и счетчик совпадений, а также последовательно соединенные антенный коммутатор, приемник запросного сигнала, декодер запросного числа, регистр запросного числа, выход которого соединен со вторым входом сумматора по модулю два, выход третьего электронного ключа через четвертую линию задержки соединен со вторым входом третьего электронного ключа, а также генератор тактовых импульсов, который через четвертый электронный ключ подключен ко входу счетчика тактовых импульсов, второму входу регистра пароля и второму входу регистра запросного числа, выход кодового вычислительного устройства через вторую шифровальную колодку соединен с входом буферного регистра, выход счетчика совпадений соединен со вторым входом передатчика ответного сигнала, второй выход приемника запросного сигнала - с третьим входом третьего электронного ключа, вторым входом четвертого электронного ключа, вторым входом счетчика тактовых импульсов и вторым входом счетчика совпадений, четвертый электронный ключ закрывается импульсов с выхода счетчика тактовых импульсов, выход генератора импульсов через пятую линию задержки соединен со вторым входом буферного регистра, выход передатчика ответного сигнала - со вторым входом антенного коммутатора.

Структурная схема устройства представлена ниже. Цифрами на схеме обозначены: 1, 9 - генератор импульсов (ГИ); 2, 10 - цифровой счетчик (ЦС); 3, 11 - кодовое вычислительное устройство (КВУ); 4 - вычитающее устройство (ВУ); 5 - декодер ответного сигнала (ДОС); 6 - приемник ответного сигнала (Пр ОС); 7 - синхронизатор по фазе; 8 - синхронизатор цифрового кода; 12 - сумматор; 13 - кодирующее устройство (КУ); 14 - передатчик ответного сигнала; 15 - устройство синхронизации (УС); 16, 17, 18, 23, 43 - линия задержки (ЛЗ), соответственно 2-я, 1-я, 4-я, 3-я и 5-я ЛЗ; 19, 36 - регистр запросного числа (РЗЧ); 20, 21, 22, 24 - электронный ключ (ЭК), соответственно 1-й, 2-ой, 4-й и 3-й ЭК; 25 - кодер запросного числа (КЗЧ); 26 - передатчик; 27, 33 - антенный коммутатор (АК); 28, 31 - счетчик тактовых импульсов (СТИ); 29, 30 - генератор тактовых импульсов (ГТИ); 32 - буферный регистр (БР); 34 - приемник запросного сигнала; 35 - декодер запросного числа (ДЗЧ); 37 - сумматор по модулю два (СМД); 38 - регистр пароля (РП); 39 - счетчик совпадений (СС); 40 - ответчик; 41 - запросчик; 42 - схема совпадений (СхС); 44, 45 - шифровальная колодка.

50

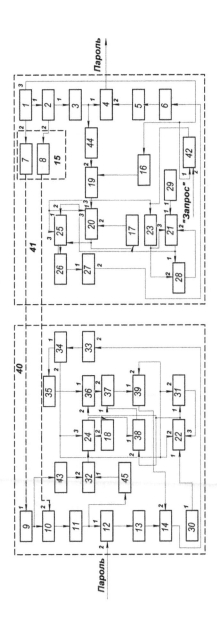

1.6.1   Механизм распределения ключей

В авторизированной системе из n пользователей, механизм распределения ключей выглядит следующим образом – рис.1.20:

• В системе существует следующая иерархия ключей:

•• Мастер ключ K_{Master}. Учитывая главенствующую роль в иерархии мастер-ключа, используемого в течении длительного времени, его защите уделяется особое внимание: 1. Мастер-ключ хранится в защищенном от считывания, записи и разрушающих воздействий модуле системы защиты. 2. Мастер-ключ распространяется неэлектронным способом, исключающим его компрометацию. 3. В системе существует способ проверки аутентичности мастер-ключа – рис.1.19.

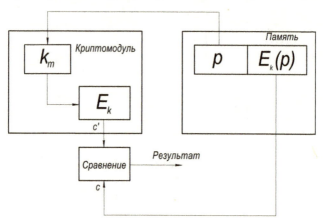

Рисунок 1.19 — Схема аутентификации мастер-ключа

•• K_1, K_2 – Долговременные ключи шифрования данных и ключей.

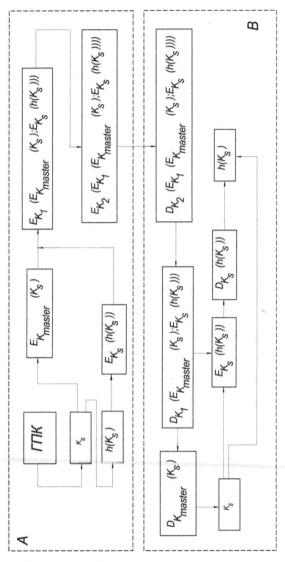

Рисунок 1.20 — Механизм распределения ключей

Отправитель A, снимает с ГПК двоичную 256-разрядную последовательность (ключ распределения – K_S), находит хеш данного ключа – $h(K_S)$, зашифровывает $E_{K_S}(h(K_S))$: хеш $h(K_S)$ на ключе K_S, зашифровывает $E_{K_{Master}}(K_S)$: ключ K_S на ключе K_{Master}; зашифровывает $E_{K_1}(E_{K_{Master}}(K_S); E_{K_S}(h(K_S)))$ на ключе K_1; зашифровывает $E_{K_2}(E_{K_1}(E_{K_{Master}}(K_S); E_{K_S}(h(K_S))))$ на ключе K_2.

Получатель B, получает $E_{K_2}(E_{K_1}(E_{K_{Master}}(K_S); E_{K_S}(h(K_S))))$ и расшифровывает ее – $D_{K_2}(E_{K_1}(E_{K_{Master}}(K_S); E_{K_S}(h(K_S))))$ на ключе K_2; расшифровывает – $D_{K_1}(E_{K_{Master}}(K_S); E_{K_S}(h(K_S)))$ на ключе K_1, в результате получаются зашифрованные последовательности $E_{K_S}(h(K_S))$ и $E_{K_{Master}}(K_S)$. В дальнейшем, получатель расшифровывает – $D_{K_{Master}}(K_S)$ на ключе K_{Master} и получает ключ распределения – K_S; расшифровывает – $D_{K_S}(h(K_S))$ на ключе K_S, в результате получает хеш $h(K_S)$ и сравнивает его с хешем, полученным на ключе K_S.

Теоретически прогнозируемая криптостойкость:

Алгоритм «ECLECTIC-DT-1» является SP-сетью.

• Операции SubBytes и PerBits обеспечивают высокую нелинейность алгоритма. Таким образом, обеспечивается защита от атак, основанных на простых алгебраических свойствах. Операции ShiftBytes и PerBytes вносят диффузию и рассеивание. Количество раундов – 14, подобрано таким образом, чтобы предотвратить методы дифференциального криптоанализа. Раундовые функции – алгебраические и трансцендентные. Математическая структура алгоритма – plafales (плафалы) не может быть представлена в виде простой замкнутой алгебраической функции над полем $GF(2^8)$, соответственно XSL-атака не может быть произведена.

• Атака по сторонним каналам. Чтобы криптоаналитик не смог провести атаку по времени исполнения все этапы шифрования в устройстве должны выполняться за одинаковое время. С целью нивелировать действия побочных каналов, вносится маскирование – способ при котором к входным данным применяется некоторая маска, производятся вычисления и обратная коррекция маски. Таким образом при атаке по сторонним каналам криптоаналитик получит некоторое промежуточное значение, не раскрывающее входных даннных.

1.7 ОБОСНОВАНИЕ КРИПТОСТОЙКОСТИ

1.7.1 Постановка модели

Для $\forall\ m\ \in\ N$ определим V_m – множество двоичных векторов длины m. $\{t, q, c, r\} \equiv \text{fix}$, $t, q, c \geq 2$, $r \geq 4$, $4 \cdot q \leq 2^{t-1} + 1$, и положим $p = c \cdot q$, $n = p \cdot t$. Применительно к нашему алгоритму, имеем:

$$\{n = 128,\ r = 14,\ p = 16,\ t = 8,\ c = 4,\ q = 4,\ 16 \leq 2^{8-1} + 1 = 2^7 + 1\}.$$

Зададим на $V_t = V_8$ структуру поля порядка $2^t = 2^8$, согласованную с операцией покоординатного булевого сложения двоичных векторов. Указанную операцию обозначим символом $\oplus$ (независимо от длин векторов $x, y \in V_m$, которые суммируются). В дальнейшем, множеcто $V_t = V_8$ будем ассоциировать с полем $GF(2^t) = GF(2^8)$, а множество V_{mt} – с m – мерным векторным пространством над этим полем. $\forall\ x \in V_n = GF(2^t)^p$ будем записывать в виде $x = (x_1, \ldots, x_c)$, где $x_j = (x_{1,j}, \ldots, x_{q,j})$, $x_{i,j} \in V_t = GF(2^t)$, $i \in \overline{1, q}$, $j \in \overline{1, c}$, и называть векторы $x_1, \ldots, x_c$ компонентами, а элементы $x_{1,1}, \ldots, x_{q,1}, \ldots, x_{1,c}, \ldots, x_{q,c}$ – координатами вектора x.

Применительно к нашему алгоритму, имеем: $V_n = V_{128} = V_{16 \cdot 8}$ – 16 – мерное векторное пространство; $\forall\ x \in V_{128} = GF(2^8)^{16}$: $x = (x_1, x_2, x_3, x_4)$ – компоненты; $x_1 = (x_{1,1}, \ldots, x_{4,1})$; $x_2 = (x_{1,2}, \ldots, x_{4,2})$; $x_3 = (x_{1,3}, \ldots, x_{4,3})$; $x_4 = (x_{1,4}, \ldots, x_{4,4})$ – координаты вектора x, $i \in \overline{1, 4}$; $j \in \overline{1, 4}$.

Зафиксируем семью подстановок $s_{i,j} : V_8 \to V_8$, $i \in \overline{1, 4}$; $j \in \overline{1, 4}$.

Зададим подстановки $s_j : V_{8 \cdot 4} \to V_{8 \cdot 4}$ и $s : V_{128} \to V_{128}$, считая:

$$s_j(x_{1,j}, \ldots, x_{4,j}) = (s_{1,j}(x_{1,j}), \ldots, s_{4,j}(x_{4,j})), x_{i,j} \in V_8,\ i \in \overline{1, 4},\ j \in \overline{1, 4} \quad (1.8)$$

$$s(x) = (s_1(x_1), s_2(x_2), s_3(x_3), s_4(x_4)), x \in V_{128}. \quad (1.9)$$

Зафиксируем перестановку g на множестве $\overline{1, 4} \times \overline{1, 4}$ и положим для $\forall\ x \in V_{128} = GF(2^8)^{16}$:

$$\widehat{g}(x) = (x_{g(1,1)}, \ldots, x_{g(4,1)}, \ldots, x_{g(1,4)}, \ldots, x_{g(4,4)}). \quad (1.10)$$

Отображение $\widehat{g}$ является линейным преобразованием векторного пространства $GF(2^8)^{16}$, которое переставляет координаты $x_{i,j}$ произвольного вектора x в соответствии с перестановкой g и может быть представлено в следующем виде:

$$\widehat{g}(x) = xG_{16}, \ x \in GF(2^8)^{16}, \tag{1.11}$$

где G_{16} – определенная подстановочная 16×16 матрица над полем $GF(2^8)$. Матрица G_{16} соответствует перестановке g.

Зафиксируем МДР-матрицу D 16-го порядка над полем $GF(2^8)$, то есть такую 16×16-матрицу над этим полем, все квадратные подматрицы которой являются обратимыми. На основании условия $4 \cdot q = 16 \leq 2^{8-1} + 1 = 2^7 + 1$ такая матрица существует [10, 11, с. 313].

Определим:

$$M_{16} = G_{16} \cdot D, \tag{1.12}$$

$$\varphi(x) = s(x)M_{16}, \ x \in GF(2^8)^{16} \tag{1.13}$$

и рассмотрим 14-раундовый блочный шифр $\Im$ с множеством открытых (шифрованных) сообщений V_{128}, множеством раундовых ключей $K = V_{128}$ и семейством шифрующих преобразований:

$$F_k = f_{14,k_{14}} \circ \ldots \circ f_{1,k_1}, k = (k_1, \ldots, k_{14}) \in K^{14}, \tag{1.14}$$

где $\forall \ x \in V_{128}, \ k \in K, \ i \in \overline{1,14}$

$$f_{i,k}(x) = \varphi(x \oplus k). \tag{1.15}$$

Назовем отображение φ вида (1.13) раундовой функцией шифра $\Im$, а подстановки $s_{i,j}$ ($i \in \overline{1,4}, \ j \in \overline{1,4}$) – узлами замены (в контексте алгоритма – композиция операций SubBytes и PerBits). Входящее (исходящее) сообщение $x \in V_{128}$ отождествляется с матрицей состояний (п.1.2.4), которая состоит из координат $x_{i,j}$ вектора x.

Перестановка g определяется по формуле $g(i,j) = (i, j(mod \ 4) + i - 1)$. Используя формулы (1.10), (1.11) и операцию ShiftBytes (п.1.2.9) определим вид G_{16}.

Напомним [12], что вероятность дифференциальной характеристики $\Omega = (\omega_0, \omega_1, \ldots, \omega_r) \in (V_n \backslash \{0\})^{r+1}$ БШ $\Im$ при ключе шифрования $(k_1, \ldots, k_r)$ определяется по формуле:

$$DP^{(k_1, \ldots, k_r)}(\Omega) = P(\bigcap_{i=1}^{r} \{X_i \oplus X_i' = \omega_i\} | X \oplus X' = \omega_0), \tag{1.16}$$

$$G_{16} = \begin{pmatrix}
1 & 0 & 0 & 0 & 0 & 0 & 0 & 0 & 0 & 0 & 0 & 0 & 0 & 0 & 0 & 0 \\
0 & 0 & 0 & 0 & 0 & 0 & 0 & 0 & 0 & 0 & 0 & 0 & 0 & 1 & 0 & 0 \\
0 & 0 & 0 & 0 & 0 & 0 & 0 & 0 & 0 & 0 & 1 & 0 & 0 & 0 & 0 & 0 \\
0 & 0 & 0 & 0 & 0 & 0 & 1 & 0 & 0 & 0 & 0 & 0 & 0 & 0 & 0 & 0 \\
0 & 0 & 0 & 0 & 1 & 0 & 0 & 0 & 0 & 0 & 0 & 0 & 0 & 0 & 0 & 0 \\
0 & 1 & 0 & 0 & 0 & 0 & 0 & 0 & 0 & 0 & 0 & 0 & 0 & 0 & 0 & 0 \\
0 & 0 & 0 & 0 & 0 & 0 & 0 & 0 & 0 & 0 & 0 & 0 & 0 & 0 & 1 & 0 \\
0 & 0 & 0 & 0 & 0 & 0 & 0 & 0 & 0 & 0 & 0 & 1 & 0 & 0 & 0 & 0 \\
0 & 0 & 0 & 0 & 0 & 0 & 0 & 1 & 0 & 0 & 0 & 0 & 0 & 0 & 0 & 0 \\
0 & 0 & 0 & 0 & 0 & 1 & 0 & 0 & 0 & 0 & 0 & 0 & 0 & 0 & 0 & 0 \\
0 & 0 & 1 & 0 & 0 & 0 & 0 & 0 & 0 & 0 & 0 & 0 & 0 & 0 & 0 & 0 \\
0 & 0 & 0 & 0 & 0 & 0 & 0 & 0 & 0 & 0 & 0 & 0 & 0 & 0 & 0 & 1 \\
0 & 0 & 0 & 0 & 0 & 0 & 0 & 0 & 0 & 0 & 0 & 0 & 1 & 0 & 0 & 0 \\
0 & 0 & 0 & 0 & 0 & 0 & 0 & 0 & 0 & 1 & 0 & 0 & 0 & 0 & 0 & 0 \\
0 & 0 & 0 & 0 & 0 & 1 & 0 & 0 & 0 & 0 & 0 & 0 & 0 & 0 & 0 & 0 \\
0 & 0 & 0 & 1 & 0 & 0 & 0 & 0 & 0 & 0 & 0 & 0 & 0 & 0 & 0 & 0
\end{pmatrix}$$

где X, X' – независимые случайные равновероятные двоичные векторы длины n,

$$X_i = (f_{i,k_i} \circ \ldots \circ f_{1,k_1})(X),$$
$$X_i' = (f_{i,k_i} \circ \ldots \circ f_{1,k_1})(X'), \ i \in \overline{1,r}.$$

Среднее значение (1.16) по всем $(k_1, \ldots, k_r) \in K^r$ называется средней вероятностью дифференциальной характеристики Ω и обозначается $EDP(\Omega)$. Таким образом,

$$EDP(\Omega) = |K|^{-r} \sum_{(k_1,\ldots,k_r) \in K^r} DP^{(k_1,\ldots,k_r)}(\Omega). \tag{1.17}$$

Средняя вероятность линейной характеристики $\Omega = (\omega_0, \omega_1, \ldots, \omega_r)$ БШ $\Im$ определяется по формуле [12]:

$$ELP(\Omega) = \prod_{i=1}^{r} l^{(i)}(\omega_{i-1}, \omega_i), \tag{1.18}$$

где для любых $\alpha, \beta \in V_n$, $i \in \overline{1,r}$

$$l^{(i)}(\alpha, \beta) = 2^{-n} \sum_{k \in V_n} \left(2^{-n} \sum_{x \in V_n} (-1)^{\alpha x \oplus \beta f_{i,k}(x)}\right)^2.$$

Параметры (1.17), (1.18) являются стандартными показателями практической стойкости блочных шифров относительно методов разностного и линейного криптоанализа соответственно [12, 13, 14]. Стойкость БШ $\mathfrak{I}$ относительно метода гомоморфизмов определяется свойствами группы подстановок $G(\mathfrak{I})$, порожденной его раундовыми шифрующими преобразованиями (1.15). В частности, достаточным условием стойкости шифра $\mathfrak{I}$ относительно атак, описанных в [15 – 17], является примитивность группы $G(\mathfrak{I})$. Таким образом, для оценки практической стойкости рассматриваемого блочного шифра относительно указанных методов криптоанализа требуется получить аналитические верхние границы параметров (1.17), (1.18) и проверить, порождают ли подстановки вида (1.15) примитивную группу.

1.7.2 Характеристики разностных и корреляционных свойств

Для произвольной подстановки $s_{i,j}$ на множестве V_8 определим:

$$d_{\oplus}^{s_{i,j}} = \max\{d_{\oplus}^{s_{i,j}}(\alpha, \beta) : \alpha, \beta \in V_8 \backslash \{0\}\}, \tag{1.19}$$

$$l_{\oplus}^{s_{i,j}} = \max\{l_{\oplus}^{s_{i,j}}(\alpha, \beta) : \alpha, \beta \in V_8 \backslash \{0\}\}, \tag{1.20}$$

$$\Lambda^{s_{i,j}} = \max\{\Lambda^{s_{i,j}}(\alpha, \beta) : \alpha, \beta \in V_8 \backslash \{0\}\}, \tag{1.21}$$

где

$$d_{\oplus}^{s_{i,j}}(\alpha, \beta) = 2^{-8} \sum_{k \in V_8} \delta(s_{i,j}(k \oplus \alpha) \oplus s_{i,j}(k), \beta), \tag{1.22}$$

$$l_{\oplus}^{s_{i,j}}(\alpha, \beta) = 2^{-8} \sum_{k \in V_8} (2^{-8} \sum_{x \in V_8} (-1)^{\alpha x \oplus \beta s_{i,j}(x \oplus k)})^2, \tag{1.23}$$

$$\Lambda^{s_{i,j}}(\alpha, \beta) = 2^{-8} \sum_{k \in V_8} (2^{-8} \sum_{a \in \{0,1\}} | \sum_{x \in V_8 : \nu(x,k)=a} (-1)^{\alpha x \oplus \beta s_{i,j}(x \oplus k)}|)^2. \tag{1.24}$$

Параметр (1.19) характеризует разностные свойства подстановки $s_{i,j}$ относительно операции $\oplus$, а параметры (1.20) и (1.21) – ее корреляционные (линейные) свойства относительно этой операции.

Матрицы размерности $(2^8 - 1) \times (2^8 - 1)$, которые состоят из элементов (1.22) и (1.23), где α и β принимают все ненулевые значения из множества

V_8, называются таблицей разностей и таблицей линейных аппроксимаций подстановки $s_{i,j}$ соответственно. Вектор $\alpha \in V_8$ называется линейным транслятором функции $f : V_8 \to \{0,1\}$, если для произвольного $x \in V_8$ выполняется равенство $f(x \oplus \alpha) = f(x)$. Подстановка обладает тривиальной линейной структурой [18], если для каждой ненулевой линейной комбинации ее координатных функций не существует ненулевых линейных трансляторов. Известно [19], что для тривиальности линейной структуры подстановки $s_{i,j} : V_8 \to V_8$ достаточно выполнения условия $NW^{(s_{i,j})} < 2^7$, где $NW^{(s_{i,j})}$ – максимальное количество нулевых элементов в столбцах таблицы линейных аппроксимаций этой подстановки.

В Таблице 1.34 приведены значения параметров (1.19) – (1.21) и значение $NW^{(s_{i,j})}$.

Таблица 1.34

$d_\oplus^{s_{i,j}}$	$l_\oplus^{s_{i,j}}$	$\Lambda^{s_{i,j}}$	$NW^{(s_{i,j})}$
2^{-6}	2^{-6}	0.025	16

Согласно [20]: неотрицательная матрица P порядка n называется неразложимой, если не существует подстановочной матрицы R такой, что

$$RPR^{-1} = \begin{pmatrix} P_1 & 0 \\ P_2 & P_3 \end{pmatrix},$$

где P_1 – квадратная матрица порядка меньшего, чем n. Матрица P называется целиком неразложимой, если не существует подстановочных матриц R_1 и R_2 таких, что

$$R_1 P R_2 = \begin{pmatrix} P_1 & 0 \\ P_2 & P_3 \end{pmatrix},$$

Известно, что дважды стохастическая матрица P является целиком неразложимой тогда и только тогда, когда матрица $P \cdot P^T$ является неразложимой.

Матрица $\tilde{D}^{(s_{i,j})} = D^{(s_{i,j})} \cdot (D^{(s_{i,j})})^T$ является положительной [21, утв.1], где $D^{(s_{i,j})} = (d_\oplus^{s_{i,j}}(\alpha, \beta))_{\alpha, \beta \in V_8 \setminus \{0\}}$ (справедливость утверждения проверяется непосредственно).

Положительно определенная матрица $\tilde{D}^{(s_{i,j})}$ равносильна существованию для $\forall u_1, u_2, \nu_1, \nu_2 \in V_8$, где $u_1 \neq u_2, \nu_1 \neq \nu_2$, таких $k, k', k'' \in V_8$, что $s_{i,j}(u_1 \oplus k) \oplus k' =$

$s_{i,j}(\nu_1 \oplus k'')$, $s_{i,j}(u_2 \oplus k) \oplus k' = s_{i,j}(\nu_2 \oplus k'')$. Указанный факт свидетельствует о приемлемых перемешивающих свойствах узлов замены [22]. Для произвольного натурального m и произвольного вектора $z = (z^{(1)}, \ldots, z^{(m)}) \in GF(2^t)^m$ обозначим $wt(z)$ вес вектора z:

$$wt(z) = \#\{i \in \overline{1, m} : z^{(i)} \neq 0\}.$$

Индекс ветвления (branch number) $m \times m$ матрицы M над полем $GF(2^t)$ есть по определению число [10] (внутренний индекс ветвления):

$$B_M = \min\{wt(z) + wt(zM) : z \in GF(2^t)^m \backslash \{0\}\}.$$

Поскольку D является МДР-матрицей 16-го порядка над полем $GF(2^8)$, имеем [10]:

$$B_D = B_{D^\top} = 4 \cdot q + 1 = 16 + 1 = 17.$$

Для $\forall$ вектора $x = (x_1, \ldots, x_4)$, где $x_j = (x_{1,j}, \ldots, x_{4,j})$, $x_{i,j} \in V_8$, $i \in \overline{1, 4}$, $j \in \overline{1, 4}$, и произвольной матрицы L порядка 16 над полем $GF(2^8)$ определим

$$Wt(x) = \#\{j \in \overline{1, 4} : x_j \neq 0\}, B'_L = \min\{Wt(x) + Wt(xL) : x \in GF(2^8)^{16} \backslash \{0\}\}.$$

Назовем числа $Wt(x)$ и B'_L расширенным весом вектора x и расширенным индексом ветвления матрицы L соответственно.

Рассмотрим линейное преобразование $\widehat{g}(x)$ и матрицу M_{16} над полем $GF(2^8)$, которые определяются по формулам (1.10) и (1.12) соответственно, и положим $\Lambda(x) = \widehat{g}(xM_{16})$, $x \in V_{128}$. С учетом формул (1.10) – (1.12) получаем, что $\Lambda(x) = xL_{16}$, $x \in V_{128}$, где

$$L_{16} = G_{16} \cdot D \cdot G_{16}.$$

Используя результаты [21, п.2.3, 23 – 25], найдем максимальный внешний индекс ветвления $B'_{L_{16}}$:

$$B'_{L_{16}} = \mu(B_M) + 1 = [\tfrac{c}{4}] + 1 = 1 + 1 = 2,$$

где $\mu(B_M) \equiv 1$ – количество МДР матриц, используемых в подблоках шифра.

Найдем верхние оценки параметров (1.17) и (1.18), характеризующих практическую стойкость рассматриваемого шифра относительно методов разностного и, соответственно, линейного криптоанализа, используя результаты [23, 26]:

$$EDP(\Omega) \leq (d_\oplus^{s_{i,j}})^{[\frac{r}{2}] \cdot B_D + 1} = 2^{-6 \cdot ([\frac{14}{2}] \cdot 17 + 1)} = 2^{-720},$$

$$ELP(\Omega) \le (l_{\oplus}^{s_{i,j}})^{[\frac{r}{2}] \cdot B_D + 1} = 2^{-6 \cdot ([\frac{14}{2}] \cdot 17 + 1)} = 2^{-720}.$$

Неотрицательная квадратная матрица P называется примитивной, если существует натуральное число l такое, что $P^l > 0$. Наименьшее натуральное l с указанным свойством называется экспонентом матрицы P [27].

Обозначим $B = (b_{ij})_{16 \times 16}$ носитель матрицы M_{16}, то есть вещественную $(0, 1)$-матрицу с элементами: $b_{ij} = 1$, если $m_{ij} \ne 0$; $b_{ij} = 0$ – в противном случае.

Справедливость следующего утверждения проверяется непосредственно. При $p = 16$ носитель матрицы M_{16} является примитивной матрицей.

1.7.3 Группа, порожденная раундовыми преобразованиями

Определим $G_{\Im} = \langle f_{i,k} : i \in \overline{1, 14}, k \in V_{128} \rangle$ – группа подстановок, которая порожденная раундовыми преобразованиями.

В [22] получены достаточные условия, при которых $G_{\Im}$ является знакопеременной группой подстановок на множестве V_{128}:

• носитель матрицы M_{16} является примитивной матрицей (*условие было выполнено выше*).

•• для $\forall \, i \in \overline{1, 14}, j \in \overline{1, 14}$ группа подстановок

$$G(s_{i,j}) = \langle s_{i,j}^{\alpha,\beta} : \alpha, \beta \in V_8 \rangle,$$

где $s_{i,j}^{\alpha,\beta}(x) = s_{i,j}^{-1}(s_{i,j}(x \oplus \alpha) \oplus \beta)$, $x \in V_8$, является 2-транзитивной, и среди элементов этих групп существует подстановка $s_{i,j}$ такая, что $\#\{k \in V_8 : s_{i,j}(k) = k\} \notin \{0, 2^0, 2^1, \ldots, 2^8\}$.

••• выполняется неравенство $2^{pt} < (2^t - 1)^{p-1}(2^t + 2^{t-1} - 2)$. Применительно к алгоритму, имеем: $2^{128} = 3.4 \cdot 10^{38} < (2^8 - 1)^{16-1}(2^8 + 2^{8-1} - 2) = 4.7875 \cdot 10^{38}$. Тогда группа $G_{\Im}$ состоит из всех четных подстановок на множестве V_{128}.

Согласно теор. 3 [22], 2-транзитивность группы $G(s_{i,j})$ равносильно тому, что матрица $\tilde{D}^{(s_{i,j})} = D^{(s_{i,j})} \cdot (D^{(s_{i,j})})^T$ является неразложимой (*условие было выполнено выше*).

В таблице разностей встречаются элементы $d_{\oplus}^{s_{i,j}}(\alpha, \beta)$, которые равны $2^{-8} \cdot 6$.

Соответственно, выполняется соотношение:

$$6 = 2^8 d_\oplus^{s_{i,j}}(\alpha, \beta) = \sum_{k \in V_8} \delta(s_{i,j}(k \oplus \alpha) \oplus s_{i,j}(k), \beta) =$$

$$= \#\{k \in V_8 : s_{i,j}(k) = k\} \notin \{0, 2^0, 2^1, \ldots, 2^8\}.$$

и •• полностью выполняется.

Таким образом, группа подстановок, порожденная раундовыми преобразованиями, с длиной блока 128 бит, является знакопеременной на множестве V_{128}.

1.7.4 Характеристики теоретической стойкости (provable security)

С формулы (1.14) получаем, что $\Im$ является произведением шифров $\Im_i, i = \overline{1,14}$, при этом на основании формулы (1.15) $\Im_{[1,14]}$ является марковским (относительно операции $\oplus$) SP-шифром.

Для 4-х раундов отобразим максимальные показатели (оценки) теоретической стойкости (provable security) [25]:

$$d_{\oplus,\oplus}^{\Im_{[1,14]}}(\alpha, \beta) \le (d_\oplus^{s_{i,j}})^{B_d \cdot B'_{L_{16}}} = \left(2^{-6}\right)^{17 \cdot 2} = 2^{-204},$$

$$l^{\Im}(\alpha, \beta) \le (l_\oplus^{s_{i,j}})^{B_d \cdot B'_{L_{16}}} = \left(2^{-6}\right)^{17 \cdot 2} = 2^{-204}.$$

ЛИТЕРАТУРА

1. Брассар Ж. Современная криптология: Пер. с англ. М.: ПОЛИМЕД, 1999.

2. Topchyi D. The theory of plafales: the proof of P versus NP problem / D. Topchyi. – Best Global Publishing, 2011. – 634 p.

3. Topchyi D. The theory of plafales: the proof algorithms for millennium problems / D. Topchyi. – Best Global Publishing, 2013. – 695 p.

4. Topchyi D. The theory of plafales: the proof algorithms for millennium problems / D. Topchyi. – Best Global Publishing, 2013. – 695 p. – Режим доступа к ресурсу: http://eleanor-cms.ru/uploads/book.pdf

5. Topchyi D. The theory of plafales: Applications of new cryptographic algorithms and platforms in Military complex, IT, Banking system, Financial market / D. Topchyi. – XLII KONFERENCJA ZASTOSOWAŃ MATEMATYKI, 2013. – Режим доступа к ресурсу: http://www.impan.pl/ zakopane/42/Topchyi.pdf

6. XLII KONFERENCJA ZASTOSOWAŃ MATEMATYKI, 2013. – Режим доступа к ресурсу: http://www.impan.pl/KZM/42/

7. Осмоловский С. А. Стохастические методы передачи данных. М.: Радио и связь, 1991.

8. Моисеев В. Ф. Система опознавания «свой-чужой» (Патент RU 2191403). – Военная академия Ракетных войск стратегического назначения им. Петра Великого.

9. Станции СРО-2 и СРЗО-2. – Техническое описание. – ВШО.206.029 ТО.

10. Daemen J. Cipher and hash function design strategies based on linear and differential cryptanalysis – Ph. D. Thesis. – Katholieke Univ. Leuven, 1995. – 224 p.

11. Мак-Вильямс Ф. Дж. Теория кодов, исправляющих ошибки М.: Связь, 1979. – 743 с.

12. Vaudenay S. On the security of CS-cipher // Fast Software Encryption. – FSE'99, Proceedings. – Springer Verlag, 1999. – P. 260 – 274.

13. Lai X., Massey J. L., Murphy S. Markov ciphers and differential

cryptanalysis // Advances in Cryptology – EUROCRYPT'91, Proceedings. – Springer Verlag, 1991. – P. 17 – 38.

14. Matsui M. Linear cryptanalysis methods for DES cipher // Advances in Cryptology – EUROCRYPT'93, Proceedings. – Springer Verlag, 1994. – P. 386 – 397.

15. Campbell K. W., Wiener M. DES is not a group // Advances in Cryptology – CRYPTO'92, Proceedings. – Springer Verlag, 1993. – P. 512 – 520.

16. Kaliski B. S., Rivest R. L., Sherman A. T. Is the Data Encryption Standard a group? (Results of cycling experiments on DES) // Journal of Cryptology. – 1988. – №. 1. – P. 3 – 36.

17. Paterson K. G. Imprimitive permutation groups and trapdoors in iterated block ciphers // Fast Software Encryption. – FSE'99, Proceedings. – Springer Verlag, 1999. – P. 201 – 214.

18. Алексейчук А. Н. Критерий примитивности группы подстановок, порожденной раундовыми преобразованиями Rijndael-подобного блочного шифра // Регистрация, хранение и обработка данных. – 2004. – Т. 6. – № 2. – С. 11 – 18.

19. Алексейчук А. Н. Классы отображений с тривиальной линейной структурой над конечным полем // Регистрация, хранение и обработка данных. – 2008. – Т. 10. – № 3. – С. 80 – 88.

20. Сачков В. Н. Введение в комбинаторные методы дискретной математики – М.: МНЦНМО, 2004. – 424 с.

21. Алексейчук А. Н., Ковальчук Л. В. и др. Результаты исследований криптографических свойств алгоритма шифрования «КАЛИНА» // Збірник наукових праць «Спеціальні телекомунікаційні системи та захист інформації». – Випуск 1 (25). – 2014. – С. 5 – 23.

22. Маслов А. С. Об условиях порождения SA-подстановками знакопеременной группы // Тр. Ин-та матем. – 2007. – Т. 15. – № 2. – С. 58 – 68.

23. Ju-Sung Kang et al. Practical and Provable Security against Differential and Linear Cryptanalysis for Substitution-Permutation Networks // ETRI Journal. – Volume 23. – Number 4. – December 2001. – P. 158 – 167.

24. Sangwoo Park et al. On the Security of Rijndael-like Structures against Differential and Linear Cryptanalysis // Advances in Cryptology – – ASIACRYPT 2002. – Lecture Notes in Computer Science. – Volume 2501. – 2002. – P. 176 –

191.

25. Sangwoo Park et al. Improving the Upper Bound on the Maximum Differential and the Maximum Linear Hull Probability for SPN Structures and AES // Fast Software Encryption. – Lecture Notes in Computer Science. – Volume 2887. – 2003. – P. 247 – 260.

26. Алексейчук А. Н. Оценки практической стойкости блочного шифра «КАЛИНА» относительно методов разностного, линейного криптоанализа и алгебраических атак, основанных на гомоморфизмах // Прикладная радиоэлектроника. – 2008. – Т. 7 – Вип. 3. – С. 203 – 209.

27. Сачков В. Н. Комбинаторика неотрицательных матриц – М.: ТВП, 2000. – 447 с.